京欣三号

京欣三号田间生产状

黄小帅

红小帅

京 秀

特大早春红玉

甜 宝

暑宝2

采用劈接法嫁接的西瓜苗

采用靠接法嫁接的西瓜成苗

采用顶插接法嫁接的西瓜成苗

采用断根嫁接法嫁接的西瓜苗

人工授粉

翻 瓜

膜下灌溉

拱棚西瓜田间生产状

农业实用技术培训丛书

无公害西瓜
生产关键技术 200 题

主 编
刘国栋 刘彦泉

编著者
刘国栋 刘彦泉
王 坤 刘艳军
陈宗光 芦金生
冯文清 张桂娟

金盾出版社

内 容 提 要

本书由北京市大兴区西瓜栽培专家编著。内容包括：西瓜栽培设施的建设，西瓜品种的选择，西瓜的播前准备，西瓜的苗期管理，西瓜嫁接育苗技术，西瓜的田间管理，西瓜无土栽培技术，无籽西瓜生产技术，环境条件对西瓜的影响，西瓜施肥技术，西瓜病虫害防治技术和西瓜的采收、贮藏及运输等。全书将西瓜栽培的关键技术归纳为200题，以问答形式进行讲解，语言通俗易懂，技术先进实用，适合农村技术培训使用，亦可供瓜农自学和农业院校师生参阅。

图书在版编目(CIP)数据

无公害西瓜栽培关键技术200题/刘国栋，刘彦泉主编．—北京：金盾出版社，2007.10

(农业实用技术培训丛书)

ISBN 978-7-5082-4678-9

Ⅰ.无… Ⅱ.①刘…②刘… Ⅲ.西瓜-瓜果园艺-无污染技术-问答 Ⅳ.S651-44

中国版本图书馆CIP数据核字(2007)第150187号

金盾出版社出版、总发行

北京太平路5号(地铁万寿路站往南)

邮政编码：100036 电话：68214039 83219215

传真：68276683 网址：www.jdcbs.cn

彩色印刷：北京精美彩印有限公司

黑白印刷：北京兴华印刷厂

装订：双峰装订厂

各地新华书店经销

开本：787×1092 1/32 印张：5.875 彩页：4 字数：119千字

2009年2月第1版第3次印刷

印数：23001—33000册 定价：8.00元

目　录

一、西瓜栽培设施的建设

1. 我国北方西瓜保护地栽培的主要设施类型有哪些?

我国北方西瓜保护地栽培的主要设施类型有日光温室、塑料大棚、中小拱棚。主要功能是春提前和秋延后的栽培,部分日光温室还可用于越冬栽培。

(1)日光温室 日光温室按其所用材料、结构或功效的差异,主要分为砖钢结构日光温室、土钢及土竹木结构日光温室 3 种类型。

(2)塑料大棚 塑料大棚主要有钢架大棚和竹木大棚 2 种类型,塑料大棚的造价低于日光温室,又具有春提前、秋延后的功能。

(3)中小拱棚 中小拱棚主要是指跨度在 4 米以下的竹木棚,建造灵活、成本低。采收期虽比大棚晚,但是产量高,错开了外地西瓜的供应盛期,有时价格并不低于大棚西瓜,具有较强的竞争力。

2. 建造塑料大棚应注意哪几个关键问题?

(1)大棚的方位 大棚以塑料薄膜为覆盖材料,全面透光,因此它的方向和棚顶角不如温室严格,就其方向与棚顶角度来说,主要是争取获得最大受光。从光照状况来看,天空的散射光在各种情况下对透光率没有太大影响。但是,太阳的直射光在薄膜上的入射角却与大棚的方位和棚顶角关系很大。当入射角增加时，棚表面的反射率也明显增加。例如，太阳光与棚面呈垂直照射时，透光率最大为 90%；与棚面偏 30°，光量损失 2.7%；与棚面偏 45°，光量损失 11.2%；与棚面偏 60°，光量损失 41.2%。一般来说，东西向南北延长的大棚光照分布是上午东部受光好，下午西部受光好。但就日平均来说，受光基本相同，植株表现受光均匀。确定大棚的方位虽受地形和地块大小等条件的限制，需要因地制宜加以确定，但应考虑主要生产季节，选择正向方位，不宜斜向建棚。

(2)长度和宽度(跨度) 大棚的全长以 40～60 米为宜，太长则管理不便；棚宽以 10～12 米为宜，过宽则通风不良。在面积和其他条件相同的情况下，大棚的跨度越大，拱杆负荷的重量越大，抗风、雨、雪的能力相对下降；反之，跨度越小，抗风、雨、雪的能力越强。

(3)高度 竹木结构大棚中脊高多为 1.8～2.5 米，侧高 1～1.2 米；钢架大棚中脊高多在 2.8～3 米，侧高 1.5～1.8 米。大棚越高承受的风压就越大，因此大棚的高度，以能满足园艺作物生长需要和便于管理为原则。

大棚的高度与宽度应有合适的比例。一般宽与高的比例为 10∶1.2～1.5，最高不宜超过 10∶2，最低不宜小于 10∶1。竹木结构有柱大棚，相邻两排立柱间的高差为 20～30 厘米，使拱杆呈较大弧度，有利于排水和加强拱杆的支撑力。

(4)拱杆、拱架与地脚 拱杆是竹木大棚的骨架，决定大棚的形状和空间构成。拱杆可用直径 3～4 厘米的竹竿或宽约 5 厘米、厚约 1 厘米的毛竹片，按照大棚跨度要求连接构成。拱杆两端插入地中。通常每隔 0.8～1 米设一道拱杆。

拱架是钢架大棚的骨架，多用直径 12～16 毫米圆钢或直径相当的金属管材为材料。双梁平面拱架由上弦、下弦及中间的腹杆连成桁架结构；三角形拱架则由 3 根钢筋及腹杆连成桁架结构(图 1)。

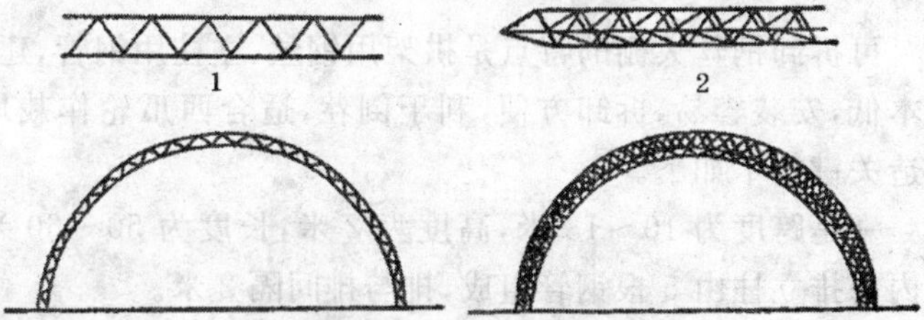

图 1　钢架单栋大棚的桁架结构

1. 双梁平面拱架　2. 三角形拱架

地脚是钢架大棚拱架与地面相连接起固定支撑作用的基础墩，一般由钢筋水泥浇铸而成，上面留有与拱架相连的焊接点。地脚横截面呈正方形，边长 18～20 厘米，地脚长 40～50 厘米。为节省地脚，可隔 2 个拱杆埋 1 个地脚，用 4 厘米×4 厘米角铁相连，拱架焊在角铁上。地脚能加强大棚的抗风、雨、雪能力。

(5)棚头、棚边与门　大棚屋脊部延长线方向的两端称为“棚头”。棚头形状有拱圆形和平面垂直形 2 种。

拱圆形棚头呈自然弧形。竹木结构大棚棚头第一行立柱要用 2 根斜柱支撑，使其稳定。棚头部位每隔 1 米插 1 根竹竿，上端固定在第一根拱杆上，使之弯成弓形，即成拱形棚头。钢架大棚应为定型产品，购买时可自由选型。此种棚头为流线型，抗风能力较强，但建造费工费料。拱形棚头的门凹入棚头安装。

平面垂直形棚头，只需将第一根拱杆用立柱垂直支撑，并用横杆固定成架，不再起拱。此种棚头建造省工、省料，但抗风能力不如拱形棚头。门设在棚头中部或两端。

3. 可拆卸钢丝大棚的特点及建造的关键技术有哪些?

可拆卸钢丝大棚的特点是拱架用钢丝、立柱用钢管,建棚成本低,安装容易,拆卸方便,利于倒茬,适合西瓜轮作栽培。建造关键技术如下。

一是跨度为 10～13 米,高度为 2 米,长度为 50～60 米。棚内每排立柱由 5 根钢管组成,排与排间隔 2 米。

二是拱架和压膜线用钢丝。拱架使用 2.8# 钢丝,压膜线使用 3# 钢丝。

三是每根立柱由粗细 2 根钢管组成。下端用 6 分钢管,固定在地面;上端用 4 分钢管,将细管套进粗管内,用螺栓固定。细管上端有凹槽,用于穿钢丝。两侧立柱向外侧倾斜与地面夹角呈 45°～50°,顶端焊有约 15 厘米长带凹槽的弧形铁板,主要作用是支撑钢丝,保护棚膜。

四是棚膜不留风口(通风时需将棚两侧的棚膜掀开)。两侧立柱上方各有一条宽 10～12 厘米的防风带,位于棚膜和弧形铁板之间,距地面垂直高度 1.2 米左右,在大棚的两端用地锚固定,有保护棚膜的作用。

五是两端棚头用钢管做拱架,各有 5 根立柱,每根立柱顶端分别与 8# 铅丝做成的拉牵相连,用地锚固定,立柱和拉牵分别与地面形成约 60°夹角。

4. 建造节能型日光温室需要注意哪几个关键问题?

(1)温室跨度 指从温室北墙内侧到南向透明屋面底角间的距离。北京地区日光温室的跨度以 6～8 米为宜。在温室高度及后屋面长度不变的情况下,加大温室跨度会导致温室前屋面角度和温室相对空间的减小，从而不利于采光、保温和抵御风、雨、雪的危害。

(2)温室高度 温室高度是指温室屋脊到地面的垂直距离。跨度相等的温室，降低高度会减小温室透明屋面角度及温室空间，不利于采光和作物生育。一般认为，在北纬40°左右的地区，温室高度以2.8～3米为宜。

(3)温室前、后屋面角度 前屋面（又称前坡）角度指温室前屋面底部与地平面的夹角。这个角度对透光率影响很大。在一定范围内，增大前屋面与地面夹角会增加温室的透光率。对于北纬32°～43°地区来说，要保证“冬至”（太阳高度角最小日）日光温室内有较大的透光率，其温室前屋面角度应确保为20.5°～31.5°。当然，确定温室前屋面角度还应考虑温室整体结构、造型及使用面积和作业空间等是否合理，所以节能型日光温室前屋面底角地面处的切线角应在60°～68°。

此外，温室前屋面的形状以采用自前底角向后至采光层面的2/3处为圆拱形坡面、后部1/3部分采用抛物线形屋面为宜。这样，6米跨度、3米高的温室，可保证前屋面底角处切线角达65°以上，距前底角1米处切线角达40°以上，距前底角2米处切线角达25°左右。冬季温室内大部分光线是靠距温室前底角2米范围内进入温室中的，因此争取这一段有较大的角度，对提高透光率有利。

日光温室后屋面角度（后坡角）是指温室后屋面与后墙顶部水平线的夹角。后屋面角度以大于当地“冬至”正午时刻太阳高度角5°～8°为宜。在北纬32°～43°地区，后屋面仰角应为30°～40°，温室屋脊与后墙顶部高度差应在80～100厘米。这样可使寒冷季节有更多的直射光照射到后墙及后屋面上，有利于增加墙体及后屋面蓄热和夜间保温。

(4)温室墙体和后屋面的厚度 日光温室的墙体和后屋面,既可起到承重作用,又可起到保温蓄热作用。因此,在设计建造日光温室墙体和后屋面时,除了要考虑承重强度外,还要考虑建筑材料的导热系数、蓄热系数和足够的厚度。墙体最好是采用内层蓄热系数大、外层导热率低的异质材料,如内侧石头或砖墙,外侧培土或堆积秸秆、柴草等。有条件的可采用空心墙,如珍珠岩、炉渣、聚苯板等夹心墙,也称为异质复合墙体,厚度在华北地区以1～1.5米为宜。若用夹心砖墙,总厚度在0.5～0.6米之间。

(5)后屋面水平投影长度 由于温室后屋面常采用导热率低的不透明材料,而且较厚,因此其传热系数远比前屋面小。后屋面越长,夜间保温越好。但后屋面过长,就会出现遮光现象,使温室后部出现大面积阴影,影响作物的生长发育。计算结果表明,在北纬38°～43°地区,温室高度在3～3.5米范围内,后屋面水平投影长度以1～1.6米为宜。

5. 影响日光温室保温防寒性能的几个关键因素是什么?

(1)墙体厚度 据研究,墙体的厚度在50～100厘米范围内,随着厚度增加,保温效果明显,因此在后墙外围加草苫、培防寒土、填堆秸秆等防寒物有显著的保温效果。在建设过程中,也可在墙体中间添加保温层。

(2)后屋面厚度 在屋面上堆放厚度为30～40厘米的秸秆,并抹泥封顶,可起到较好的保温效果。

(3)前屋面的覆盖物 前屋面一般采用草苫或保温被覆盖。如在草苫或保温被下加一层纸被,可增强保温效果。有条件的可用双层草苫覆盖,虽然成本高,但保温效果很好。

(4)防寒沟 在温室前挖防寒沟,可减少热量散失,对提高地温非常有效。防寒沟宽0.3～0.4米、深0.4～0.6米,并填充秸秆等保温材料,上口封严。

(5)温室内采取多层覆盖 在温室内畦面上覆盖地膜;栽培畦上扣小拱棚,小拱棚外再覆盖草苫;棚膜内10～30厘米处挂二层幕。除地膜外,所有多层覆盖物均在白天拉开以多接受阳光,夜间盖严以利保温。

6. 目前生产上常用的棚膜有哪些?各有什么特点?

生产上常用的棚膜从原料上分主要有聚乙烯薄膜(PE)、聚氯乙烯薄膜(PVC)和乙烯-醋酸乙烯薄膜(EVA)3种。目前西瓜保护地设施使用的多数为PE膜。普通薄膜中以PVC膜保温性最好,PE膜保温性最差,EVA膜居中。但添加保温剂后,PE膜和EVA膜的保温性显著增强。

普通膜连续使用寿命为4～6个月,膜面易结露滴,降低透光率。防老化膜连续使用寿命为10～18个月,但不具防雾滴性,保温性也较差。长寿膜连续使用寿命可达24个月以上,其他性能未变。双防膜除具有防老化膜的使用寿命外,还具有防雾滴性。

7. 塑料大棚早春栽培需要提前多少天扣棚膜?

利用塑料大棚进行早春栽培,由于当时外界环境温度还较低,必须提前扣棚烤地,提高地温,确保定植时棚内地温稳定在10℃以上,促进秧苗定植后早发根、早缓苗。北京地区一般要求在定植前15～20天扣棚。只有保障足够的增温时间,才能使棚内地温达到定植要求。

8. 普通地膜有几种？其特性及用途有哪些？

普通地膜是无色透明地膜。这种地膜透光性好，覆盖后可使地温提高 2℃～4℃，不仅适用于我国北方低温寒冷地区，也适用于南方早春作物栽培。主要有以下 3 种。

(1)高压低密度聚乙烯(LDPE)地膜 简称高压膜。用 LDPE 树脂经挤出吹塑成型制得。厚度 0.014 毫米±0.003 毫米，幅宽有 40～200 厘米多种规格。每公顷用量 120～150 千克。主要用于蔬菜、瓜类、棉花及其他多种作物。该膜透光性好，地温高，容易与土壤粘着，适用于北方地区。

(2)低压高密度聚乙烯(HDPE)地膜 简称高密度膜。用 HDPE 树脂经挤出吹塑成型制得。厚度 0.006～0.008 毫米，每公顷用量 60～75 千克。适用于蔬菜、棉花、瓜类、甜菜，也适用于玉米、小麦、甘薯等。该膜强度高、光滑，但柔软性差，不易粘着土壤，故不适于沙土地覆盖。其增温保水效果与 LDPE 基本相同，但透明性及耐候性稍差。

(3)线型低密度聚乙烯(LLDPE)地膜 简称线型膜。由 LLDPE 树脂经挤出吹塑成型制得。厚度 0.005～0.009 毫米。适用于蔬菜、棉花等作物。其特点除了具有 LDPE 的特性外，机械性能良好，拉伸强度比 LDPE 高 50%～75%，伸长率高 50%以上，耐冲击强度、穿刺强度、撕裂强度均较高。其耐候性、透明性均好，易粘连。

9. 有色地膜有几种？其特性及用途有哪些？

在聚乙烯树脂中加入不同有色物质，可以制得具有不同颜色的地膜，如黑色地膜、绿色地膜和银灰色地膜等。由于它们有不同的光学特性，对太阳辐射光谱的透射、反射和吸收性能不同，因而对杂草、病虫害、地温变化、近地面光照及对作物生长有不同的影响。

(1)黑色地膜 厚度0.01～0.03毫米，每公顷用量105～180千克。黑色地膜的透光率仅10%，使膜下杂草无法进行光合作用而死亡。用于杂草多的地区，可节省除草成本。黑色地膜在阳光照射下，虽本身增温快，但因其热量不易下传而抑制土壤增温，一般仅使土壤上层温度提高2℃左右。因其较厚，灭草和保湿效果稳定可靠。

(2)绿色地膜 厚0.015毫米。绿色地膜可使光合有效辐射的透过量减少，特别是光合作用吸收高峰橙红色光的透过率低，因而对膜下的杂草有抑制和灭杀的作用。绿色地膜对土壤的增温作用不如透明地膜，但优于黑色地膜，有利于茄子、甜椒等作物地上部分生长。由于绿色染料较昂贵，且会加速地膜老化，所以一般仅限于在蔬菜、草莓、瓜类等经济价值较高的作物上应用。

(3)银灰色地膜 又称防蚜地膜。厚度0.015～0.02毫米。该地膜对紫外线的反射率较高，因而具有驱避蚜虫、黄条跳甲、象甲和黄守瓜等害虫和减轻作物病毒病的作用。银灰色地膜还具有抑制杂草生长、保持土壤湿度等作用，适用于春季或夏、秋季防病抗热栽培。用以覆盖栽培黄瓜、番茄、西瓜、甜椒、芹菜、结球莴苣、菠菜、烟草均可获得良好效果。为了节省成本，在透明或黑色地膜栽培部位，纵向均匀地印刷6～8条宽2厘米的银灰色条带，同样具有避蚜、防病毒病的作用。

10. 特殊功能性地膜有几种？其特性及用途有哪些？

(1)耐老化长寿地膜 在聚乙烯树脂中加入适量的耐老

化助剂，经挤出吹塑制成。厚度0.015毫米，每公顷用量120～150千克。该膜强度高，使用寿命较普通地膜长45天以上。适用于“一膜多用”的栽培方式，且便于旧地膜的回收加工利用，不致使残膜留在土壤中。但该膜价格稍高。

(2)除草地膜 在聚乙烯树脂中，加入适量的除草剂，经挤出吹塑制成。除草膜覆盖土壤后，其中的除草剂会迁移析出并溶于地膜内表面的水珠之中，含除草剂的水珠增大后会落入土壤中杀死杂草。除草地膜不仅降低了除草的投入，而且因地膜保护，杀草效果好，药效持续期长。因不同除草剂适用于不同的杂草，所以使用除草地膜时要注意各种除草地膜的适用范围，切莫弄错，以免除草不成反而造成作物药害。

(3)黑白双面地膜 是两层覆合地膜。一层呈乳白色，覆膜时朝上；另一层呈黑色，覆膜时朝下。厚度0.02毫米。每公顷用量150千克左右。向上的乳白色膜能增强反射光，提高作物基部光照度，且能降低地温1℃～2℃；向下的黑色膜有除草、保水功能。该膜主要适用于夏、秋季蔬菜和瓜类的抗热栽培。除黑白双面地膜外，还有银黑双面地膜。银黑双面地膜覆膜时，银灰色面朝上，有反光、避蚜、防病毒病的作用；黑色面朝下，有灭草、保墒作用。

(4)可控性降解地膜 由于地膜太薄，完成使用功能后回收不仅费工、费时，而且很难从田间彻底清除干净。因此，常常在土壤中留下大小不等的地膜碎片，日积月累留在土壤中的残膜影响作物根系生长，破坏土壤结构，影响耕作，甚至造成环境污染。根据研究，土壤中的残膜片≥16平方厘米时即可造成不良影响。为此，人们试图研制出一种能在短期内自然崩坏，使地膜高分子结构降解，很快成为小碎片，然后成粉末，最后消失的地膜，这就是所谓可控性降解地膜。

到目前为止，可控性降解地膜有3种类型。

①光降解地膜　该种地膜是在聚乙烯树脂中添加光敏剂，在自然光的照射下，加速降解，老化崩裂。这种地膜的不足之处是只有在光照条件下才降解，土壤中残存的地膜降解缓慢，甚至不降解。此外，降解后的碎片也不易粉化。

②生物降解地膜　该种地膜是在聚乙烯树脂中添加高分子有机物，如淀粉、纤维素和甲壳素等或乳酸脂，借助于土壤中的微生物（细菌、真菌、放线菌）将塑料彻底分解重新进入生物圈。该种地膜的不足之处在于耐水性差，力学强度低，虽能成膜，但不具备普通地膜的功能。有的甚至采用造纸工艺成膜，造成环境污染。

③光和生物可控双降解地膜　该种地膜就是在聚乙烯树脂中既添加了光敏剂，又添加了高分子有机物，从而具备光降解和生物降解的双重性能。地膜覆盖后，经一定时间（如60天、80天等）自然光的照射，薄膜自然崩裂成为小碎片，这些残膜可被微生物吸收利用，对土壤、作物均无不良影响。

我国于20世纪70年代末引入降解地膜覆盖技术，80年代中期开始自行研制，已生产出光解地膜、银灰色光解膜和光和生物双解膜等多种降解地膜，用于玉米、花生和蔬菜等作物，并取得了一定的效果。

11. 怎样预留大棚的通风口？

大棚通风口的主要作用是调节棚内的气体成分和温、湿度。大棚跨度在10米以上时，多采用3道通风口，即一道中缝和两道边缝。中缝在大棚中部最高位置。边缝在大棚两侧肩部，距地面1～1.2米。风口处两片棚膜重叠部分宽度要超过10厘米。跨度10米以下的大棚，一般留两道边缝通风即可。具体情况可根据大棚形状和棚膜规格灵活掌握。

12. 大、中棚的温度变化规律是什么？

(1)大棚的温度变化规律

①大棚内温度季节变化　2月上旬至3月中旬，棚内气温开始逐渐回升。3月中下旬，当外界气温尚低时，棚内最高气温可达38℃，夜间最低3℃，比露地高2℃～3℃。4月份棚温可达40℃以上，到5～6月份棚温最高可达50℃以上。

②大棚内温度日变化　日出后1～2小时内，气温迅速上升，上午7～10时气温回升最快。在密闭状态下，每小时可升温6℃～8℃，一日内最高温度多出现在中午12时至下午1时，下午2～3时后，棚温开始下降，平均每小时降温3℃～5℃。夜间的温度变化情况同外界一致，通常比棚外高3℃～6℃。

大棚内地温变化与气温基本一致。土壤增温速度小于中小拱棚，但地温上升后比较稳定，保温效果优于中小拱棚。

(2)中小拱棚的温度变化规律　中棚的热能来源仍是日光能。由于保温条件差，棚温昼夜温差大。最低温出现在日出前，晴天日出后棚温迅速升高，中午可达40℃以上，午后光照强度减弱，棚温随之下降，且速度较快。故白天易受高温危害，夜间易发生霜冻。但采取覆盖保温措施后，其保温效果要好于大棚，早熟效果明显。

不同季节变化规律是：2月上旬至3月中旬温度开始回升，3月下旬当外界气温尚低时，棚温可达15℃～38℃，比露地高3℃～15℃，随着外界温度的升高，棚内外温差逐渐加大。

中棚地温变化幅度较小，3月中旬以后一般为5℃～

12℃,4月下旬为10℃～25℃,随着作物生长产生的遮荫作用,使增温效果逐渐下降,4～5月份仅增温2℃～5℃。

二、西瓜品种的选择

13. 选择西瓜新品种需要注意哪些问题？

(1)目的要明确 也就是说，所选择的品种是种植在保护地或露地，还是用于夏播西瓜生产。如在春季保护地应用，应具有耐弱光、较耐低温、雌花出现节位低、果实发育期短等特性；如在春季小拱棚或露地应用，应具有植株长势较强、丰产性好、商品性好、果实整齐度高、熟性为中早熟或中熟等特性；如在夏播生产上应用，应具有耐弱光、耐高温高湿、较抗炭疽病、熟性为中早熟等特性。

(2)要满足市场需求 不同地区消费水平不同，消费特点不同，导致市场消费需求不同。生产者要根据市场需求，选择相应的西瓜品种。例如，北京市场喜欢3种类型的西瓜：一是京欣类的中果型、薄皮、含糖量较高、心边糖含量梯度小、脆沙瓤的西瓜；二是早春红玉类的小果型西瓜；三是中小果型的无籽西瓜。

(3)要具有较强的抗逆性和较好的稳产性、丰产性 这是衡量生产效益的关键指标。要摸清一个品种的抗逆性、丰产性和稳产性，至少需经2～3年的区域试验。

(4)要具有较强的抗病性 老瓜区连作西瓜生产的第一大病害是枯萎病。目前该病的防治主要依靠嫁接换根。在西瓜生产上，特别在保护地西瓜生产上的第二大病害是炭疽病，常造成西瓜产量和品质的降低，从而造成效益的降低。所以引进较抗炭疽病的品种，也是西瓜生产中丰产、稳产、高效的关键。

(5)要因地制宜选择品种类型和栽培方式 经济条件好、劳动力充足、技术水平高的地区应选择早熟品种,并采用设施栽培,可获得更高的经济效益。而经济条件差、技术水平低、劳动力较少的地区,应选择中晚熟品种,并采取露地栽培,可获得相对较高的经济效益。

14. 目前有哪些值得推广的西瓜良种?

西瓜对外界环境条件的适应性比较强,一般情况下,同一品种可在我国大部分地区推广种植,如京欣一号西瓜可在黑龙江省种植也可在海南省种植。每一个西瓜产区品种的选用,主要是由市场决定的。北京地区的西瓜生产主要针对首都这个大市场,北京产瓜区具有运输、销售方便、消费群体大的特点,在生产上则针对消费者需求,主要发展京欣类中果型西瓜、早春红玉类小果型西瓜和中小果型无籽西瓜。

针对首都市场需求,通过对目前已在生产中应用品种进行观察及对新优品种的试验、示范,推荐以下品种作为北京地区近一时期西瓜产业发展的主要品种,它们包括:京欣一号、京欣二号、京欣三号、航兴一号、航兴三号、京秀、新秀、红小帅、黄小帅、黄晶一号、蜜童、墨童、金玉玲珑、特大早春红玉、甜宝小无籽等。上述西瓜品种的特性如下。

京欣一号 全生育期 90 天左右。开花至成熟 30 天。果实圆形,果皮绿色,覆多条墨绿齿带,果皮有蜡粉。单瓜重4～5 千克。皮厚约 1 厘米。瓤色桃红,肉质脆嫩、汁多、纤维少,中心含糖量为 11%～12%。主蔓第 8～10 节出现第一雌花。易坐果。适于保护地栽培。

京欣二号 果实外形似京欣一号。圆果。果皮具绿底条纹,条稍窄,有蜡粉。单瓜重 5～6 千克。瓜瓤红色,保留了京欣一号果肉脆嫩、口感好、甜度高的优点，中心含糖量11.5%以上。皮薄。耐裂性能比京欣一号有较大提高。

京欣三号 果实圆形。果皮亮绿底，覆盖规则绿色窄条纹。皮薄。单瓜重5～6千克。瓜瓤红色，中心含糖量12%，肉质脆嫩，口感好，风味佳。

航兴一号 全生育期90天。果实自然成熟期28天。植株长势中等。果实近圆形。绿色果皮带绿色条纹，上覆白霜。果皮厚1厘米。瓤粉红色，质脆而多汁，风味好，中心含糖量11.5%。平均单瓜重5千克。

航兴三号 全生育期85～90天。植株长势中等偏弱。每667平方米(1亩，下同)栽培密度850～900株，一般每株留1个瓜，作为礼品瓜种植时每株留2个瓜。果实圆形。果皮黄色带金黄色细条纹，皮较脆，皮厚0.8厘米。瓤粉红色，质地脆而多汁，纤维少，口感好，中心含糖量11.5%。每株留1个瓜时，平均单瓜重为4～5千克；每株留2个瓜时，平均单瓜重3～4千克。

京秀 全生育期85～90天。果实发育期28～30天。植株生长势强。果实椭圆形，周正美观。果皮绿底色，锯齿形显窄条带。平均单瓜重1.5～2千克。瓤红色，肉质脆嫩，口感好，风味佳；中心含糖量12%～13%，糖度梯度小。可适当提早上市。

新秀 小型早熟西瓜品种。果实高圆形。果皮底色鲜绿，具深条带。单瓜重1.5～2千克。皮薄。瓤红色，口感细爽多汁，中心含糖量12%～13%。糖度梯度小。果皮坚韧。适合保护地栽培。

红小帅 全生育期90天。果实成熟期28～30天。分枝力强，低温生长性好，适应春、秋、冬三季栽培。果实椭圆形，外观美丽有光泽。易坐果。果实整齐度好。单瓜重 1.5～2 千克。瓤红色,爽口多汁,中心含糖量 12%～13%。

黄小帅 全生育期 85 天。果实发育期 26～28 天。生长稳健,结果力强,抗病,适宜保护地和露地栽培。果实圆形,整齐美观,单瓜重 1～1.5 千克。瓤黄色,中心含糖量11%～12%,口感好,风味佳。

黄晶一号 生长势强,抗逆性强,易坐果。果皮黄色,有深黄条纹。果实整齐度好。单瓜重 1.5～2 千克。属早熟小型西瓜品种,全生育期 85 天,果实自开花至采收需 26～28 天。瓤红色,品质优,中心含糖量 12%以上。

蜜童 小型无籽西瓜杂种一代,全生育期 120～130 天,果实发育期约 35 天。植株长势旺,分枝力强,坐果能力强。首个雌花节位 7～10 节,以后每隔 5～6 节着生一雌花,易坐果。果实高圆形,果形指数 1.09。果皮绿色,有宽齿条纹。瓤色鲜红,纤维少,汁多味甜,质细爽口,中心含糖量 11%。平均单瓜重 1.89 千克。

墨童 小型无籽西瓜杂种一代,全生育期 120～130 天,首个雌花节位 7～10 节,以后每隔 5～6 节着生一雌花,果实发育期 35 天左右。植株长势旺,坐果能力强。果实高圆形。果皮墨绿色覆细网纹,表面有蜡粉。瓤鲜红色,纤维少,汁多味甜,中心含糖量 11%。果皮厚 0.74 厘米,皮韧,耐贮运。平均单瓜重 1.94 千克。商品果实率 96%。无籽性好。

金玉玲珑 早熟小果型西瓜。单瓜重 1.5～2.5 千克。皮厚 0.3 厘米。中心含糖量 12%左右。瓤橙黄色,质地细脆。适应性广,可保护地、露地和延秋栽培。

特大早春红玉 早熟小型西瓜。全生育期 85 天,分枝力强,低温生长性好,适应春、秋、冬三季栽培。果实椭圆形,外观美丽有光泽。易坐果。果实整齐度好。单瓜重2～2.5千克。瓤红色，爽口多汁，中心含糖量在12%以上，风味极佳。

甜宝小无籽 属于早熟无籽小西瓜品种。全生育期90天左右，果实成熟期30天左右。植株长势中等，易坐果，适应性广，高抗枯萎病。果实高圆形，花皮。瓤红色，肉质细腻、脆爽，口感好，中心含糖量在12%以上。单瓜重2.5～3千克。

15. 高含番茄红素的西瓜品种有哪些？

高含番茄红素的西瓜属功能性西瓜，番茄红素含量在8毫克/100克(鲜重)以上。因为番茄红素是类胡萝卜素中的一种强氧化剂，其抗氧化作用是维生素E的100多倍，它通过保护机体细胞免受氧化伤害而实现其主要活性，可增强人体健康。

选育高含番茄红素西瓜品种是中国农业科学院与北京市大兴区人民政府的合作项目。目前在生产上示范种植的品种有以下4个。

(1)示范15号 杂交一代有籽小果型西瓜。易坐瓜，花皮，红瓤。单瓜重1.5～2千克，中心含糖量12%以上。

(2)示范16号 杂交一代有籽小果型西瓜。易坐瓜，绿皮，红瓤。单瓜重1.5～2千克，中心含糖量12%以上。

(3)莱卡红1号 杂交一代中果型无籽西瓜。中熟。果圆形，果皮深绿色、暗齿，鲜红色瓜瓤。单瓜重5～8千克，中心含糖量11%以上。

(4)莱卡红2号 杂交一代中果型无籽西瓜。中熟。果圆形，果皮绿色、暗齿，鲜红色瓜瓤。

16. 西瓜品种的熟性是如何划分的?

西瓜早、中、晚熟品种一般是以种子出苗到果实成熟的全生育期长短来划分的。早熟品种全生育期不超过 90 天,果实通常为中小果型,植株茎叶相对较小。晚熟品种全生育期 110 天以上,果型大,植株长势强,果皮厚,耐贮运。中熟品种介于两者之间。

在生产上习惯以留果部位雌花开放到果实成熟所需的果实发育天数来区分品种熟性的早晚。一般将果实发育期少于 25 天的作为极早熟品种,介于 25～30 天的为早熟品种,介于 31～40 天的为中熟品种,40 天以上的为晚熟品种。

17. 西瓜的固定品种和杂交品种有何区别?

西瓜的固定种各项生育性状均已基本稳定,种子播种后的植株及果实与上一代的采种瓜表现一致,可继续留种种植。

西瓜的杂交种是由两个性状优良的西瓜品种分别作为父母本,通过将父本的花粉给母本授粉,从母本瓜中收回种子,再用这些杂交种子进行生产。这些杂交种子种植后,其后代性状与父母本不完全一致,结合了父母本的优点,具有明显的杂种优势,但不能继续留种。

18. 怎样鉴别陈西瓜种子?

对于西瓜生产者和种子经营者来说,如何鉴别西瓜种子的优劣,是必须掌握的一项重要技术。鉴别西瓜种子的主要方法有感官鉴别、发芽试验两种。

(1)感官鉴别 就是通过感官对西瓜种子的色泽、光洁度、气味及种仁特征进行鉴别。一般新种子均具有该品种固有的颜色，且种皮上有胶质物，并往往附着一层极薄的白色膜状物；种子具有光泽，种皮表面光洁；种仁洁白，具有香味。凡是陈种子，一般种皮颜色变暗、无光泽，表面往往有黄斑或霉状物，角质层干缩，种皮变粗糙；种脐部（种子嘴）波状纹加深；种仁灰白色或具有白蜡状物，无香味甚至有霉变异味。

(2)发芽试验 种子寿命因贮藏条件而异。一般在低温、干燥的条件下贮藏寿命较长，在温度较高、湿度较大的情况下则寿命较短。利用催芽法进行发芽试验，根据种子发芽率的高低，能十分准确地鉴别出西瓜的新种子和陈种子。据试验，在一般贮藏条件下，有籽西瓜种子贮藏期在 1 年以内，发芽率可保持在 95%以上；贮藏 2～3 年，发芽率为 80%～95%；贮藏 4～5 年，发芽率为 30%～60%；贮藏 6 年以上，发芽率极低，且生长势很弱，不宜在生产上应用。一般采用贮藏 1 年以内的种子为好。此法鉴定结果虽十分准确，但比较麻烦，需要种子也较多。

19. 怎样防止买到伪劣西瓜种子？

由于目前种子流通体制还不够完善，种子市场存在着一定程度的混乱现象，一些不法商户趁机销售假种子、劣种子坑农事件时有发生。为防止买到伪劣西瓜种子而遭受重大损失，购种时须注意以下几点。

一是购买良种要到具有县级以上种子管理部门颁发的《农作物种子经营许可证》和工商部门核发营业执照的合法经营单位购买。

二是买种子前应先查看准备购买的种子有无《农作物种子质量合格证》。如无此证者，不可购买。购种后要索取销售种子的正式单据和质量信誉卡，以备发生种子质量纠纷时作为索赔证据。

三是查看包装上是否有种子质量标准和制种单位的名称、地址、电话号码等内容。打开包装查看，种子应大小均匀，外观基本一致。如有条件，可在购回种子后做发芽试验鉴别。

三、西瓜的播前准备

20. 种子处理方法有哪些?

(1)**高温烫种**　在两个容器中分别装入等量的冷水和开水,水量为种子量的 3 倍。先把选好的种子倒入开水中,迅速搅拌 3～5 秒钟,立即将另一容器中的冷水倒入,并不断搅拌至水温降至 30℃左右,在室温下浸种 3～4 小时,可杀死种子表面的病原菌。烫种时操作一定要快,不要烫得太久,以免降低种子的发芽率。

(2)**温汤浸种**　将种子放入 55℃的温水中,不断搅拌 15 分钟,然后令其自然冷却浸种 4～6 小时。55℃为病菌的致死温度,浸烫 15 分钟后,基本上能杀死附在种子上的病菌、病毒,可预防西瓜病毒病。

(3)**药剂消毒**　将西瓜种子浸入能杀死病菌的药液中。西瓜种子用药剂处理后,必须用清水洗净药液才可进行浸种催芽或晾干后播种,否则可能发生药害。

(4)**强光晒种**　在春季,选择晴朗无风的天气,把种子均匀摊在席子或纸张等物体上,厚度不超过 1 厘米,在阳光下曝晒,每隔 2 小时左右翻动 1 次,使其受光均匀,晒 6～8 小时即可。阳光中的紫外线和较高的温度,对种子上的病菌有一定的杀伤作用。

21. 催芽有哪些好处? 如何进行催芽?

催芽是通过人工控制适宜的温度条件,促使种子快速萌发，以保证种子出苗快而整齐。在15℃～30℃环境温度范围内，西瓜种子发芽速度因温度升高而增快。常用的催芽方法主要有以下几种。

(1)恒温箱催芽法 科研单位或有条件的生产单位一般用自动控温调湿装置的恒温培养箱进行种子催芽。催芽时将温度控制装置调到适当位置，使箱内温度保持28℃～30℃恒温。将湿纱布或湿毛巾平铺在盘上，将种子平摊到布上，要注意厚度均匀，上面再盖1～3层湿布，将盘放入箱架上，进行恒温催芽。每天要将种子取出1～2次，用清洁温水冲洗，沥干后重新放回。一般24小时后开始出芽，2～3天基本出齐。

(2)电灯催芽法 用一个小桶或小缸，内加深度10厘米左右的水，在水面上方距水面8～10厘米高处，用8号铁丝做一支架或用两块与容器内径相等的木板、竹片制成"十"字形支架，将一个40～60瓦的电灯泡固定在支架上，为安全起见最好用防水灯头，并注意保持线路各部位的绝缘性，操作时亦需小心，勿使电灯、线路与水接触。在距桶或缸口10厘米左右再做一支架，支架上摆一平盘，铺好湿布放上种子，用湿布盖好。用塑料布将桶或缸口盖严密封。在桶口中央插入一支温度计，接通电源待桶内温度升至28℃～32℃时即关掉电源。有条件者也可在线路中央安装一个自动温控器保持桶内恒温。每天淘洗种子1～2次，一般2～3天芽可出齐。

(3)火炕催芽法 先将浸好的种子包在湿布里，装入一个稍大的塑料袋中，并将其放在炕上的褥子下面，同时插入温度计。若温度偏高时，可将装种子的塑料袋取出放在褥子上面，或移至离主火道稍远的地方；若温度低时，可向相反方向移动，使种子周围的温度保持在27℃～30℃，最高不超过33℃，若低于25℃则发芽时间延长。要经常观察、调节，使之处于适温下。特别是中午和晚上做饭时，要防止过高的温度烫坏种子。每天应将种子淘洗1～2次。

(4)暖水瓶催芽法 将经浸种处理的种子用湿布包好，外面再包一层塑料布，包的大小以能顺利通过瓶口为宜。取一保温性能好的暖水瓶，加入瓶内容积1/2的32℃温水，将种子包用绳捆好放入暖水瓶中，停在距水面3～5厘米处，这时将绳的另一端固定在暖瓶把手上，盖紧瓶塞进行催芽。普通暖水瓶每个瓶内放置的种子数量不宜超过100克。瓶中温水一般6～12小时换一次，每天将种子用温水淘洗一次，24～36小时后即开始出芽。

此外，还有人体体温、电热毯、炉火、发酵厩肥等做热源催芽。

催芽的注意事项：第一，需尽量保持恒温，不能忽高忽低，最高不能超过33℃。第二，种子出芽长度以露白为度，不要大于3毫米，因为芽过长易折伤。必要时可将已出芽的种子挑出用湿布包好放在15℃条件下，待种子全部出齐后一起播种。第三，催芽时要使全部种子均匀受热，避免局部种子长时间高温产生发酵，出现烂芽现象。

22. 怎样选择营养钵？

选择合适的营养钵既能保证秧苗正常生长，又能节约生产成本。营养钵的选择主要根据目标苗龄来确定。

培育生理苗龄达到一叶一心的秧苗，选择口径5～6厘米的营养钵即可，或选择同等规格的育苗盘。苗龄过大，生长空间狭小，秧苗生长受阻，会形成僵苗，定植后不容易缓苗，对西瓜产量和品质有很大的影响。

培育生理苗龄在三叶一心至四叶的秧苗，应选择口径为

8～10 厘米的营养钵，以保证根系有足够的生长空间，贮存充足的营养成分。

23. 怎样配制营养土？

育苗营养土应选用保水保肥性能好的肥沃土壤，无砖瓦石块等杂物，不含病菌、虫卵及草籽；但不宜从菜园地、瓜地取土，以免带菌。营养土以入冬前挖取，经冬季冻晒风化后再配制营养土为佳。为使配成的营养土松紧适度，既不散团伤根又不过于紧密影响根系发育，应根据土质用腐熟后的厩肥以适当比例混合。若土壤不够肥沃，还可以加入适量充分腐熟的鸡粪和磷肥、钾肥。

一般采用以下比例配制营养土：田土与草炭比例为 3∶1，或田土与充分腐熟的农家肥比例为 5∶1。将营养土过筛，每立方米营养土（可育苗 1 000 株）加入 200 克多菌灵，拌匀后，用农膜覆盖堆闷 2～3 天，再放置 1 周后即可装钵。装土量标准为营养钵高度的 3/4，上松下实，以利于出苗。

24. 怎样铺设电热线？如何正确使用电热线？

电热温床应根据电热线产品使用说明标注的功率和育苗时的环境温度条件，计算每平方米苗床所需的电热线用量。电热温床宽 120 厘米左右，深约 20 厘米，长度视育苗数量而定。苗床下部铺 3～5 厘米厚细土，踏实后布线。根据电热线规格（长度和功率）和所需育苗温度计算出每平米所需的电热功率，并由此确定苗床所布电热线间距。为使苗床中间与周边的土温一致，在总体间距不变的情况下，中间布线的间距应稍大些，边行布线的间距可稍小些。布线时在苗床两端置 2 块与床等宽的木板，在木板上按计划布线间距钉上圆钉，将电热线一端固定在木板一侧的钉子上，然后将电热线顺次往返绕在两端的钉子上。

电热线布好后撤去布线板并通电检验后再使用。由于电热线功率有一定规格，使用时应详细阅读并遵守说明书的有关安全要求，特别要注意接头处的绝缘问题。有条件的还可配自动控温仪，精确控制苗床温度。另外，在布线时还应注意以下两点：一是两线间不能有重合点，以免烧坏线；二是电热线如有断点可接好密封后再用，但不可弃掉部分线再用，以免发生危险。

25. 如何计算西瓜的苗床面积和用种量？

西瓜种子适宜的播种量决定于以下因素：栽培品种的种子大小（千粒重）、种子发芽率、栽培密度（株行距）和每穴播种粒数。可参考以下公式计算。

$$667\text{平方米用种量(克)}=\frac{667\text{平方米株数}\times\text{每穴播种粒数}}{\text{每克种子粒数}\times\text{种子发芽率}}\times 120\%$$

西瓜栽培的株行距确定后，即可计算出每 667 平方米的株数。考虑到大田直播时发芽率受土壤、播种深度和虫害、鼠害等的影响，直播的出苗率和成苗率均低于育苗，为保证苗齐、苗壮，一般每穴播种 2～3 粒种子。每克种子粒数和种子发芽率可通过实验测得。乘以 120％的系数是在实际操作中留 20％预备苗作为保险系数，根据生产条件的不同可适当增减调整。

每 667 平方米大田定植移栽苗所需苗床设施面积，可参考以下公式计算。

$$\text{每667平方米大田栽培需苗床面积(平方米)}=\frac{\text{每667平方米定植株数}+\text{预备苗数量}}{\text{每平方米育苗数}}$$

每667平方米大田定植株数仍可根据栽培密度的株距、行距计算求得。预备苗数可根据各地育苗和大田生产的实际情况确定，一般可为实际定植株数的20%～30%。每平方米育苗数一般取决于营养钵上口的口径。此外，考虑到当苗床面积较小时，边行的温度和光照度均较低，为保证移栽苗的健壮整齐，苗床面积还可增加10%左右。

26. 如何确定西瓜的播种期？

由于不同西瓜产区地理纬度和海拔高度不同，气候条件千差万别，同一产区不同年份之间气候也有差异，因此西瓜播种期应着重掌握地温和晚霜两项原则，同时还取决于保护地栽培的设施条件和西瓜上市时间的要求。

露地直播适宜播种期和相应的采收期大体为：黑龙江省播种期为5月中下旬，采收始期为8月中下旬；辽宁省播种期为4月中旬至5月下旬，采收始期为7月下旬；华北地区播种期为4月中下旬，采收始期为7月上中旬；西北地区一般播种期为4月下旬至5月上旬，采收始期为8月上中旬。

采用保护地设施栽培的，华北地区塑料大棚一般1月份播种培育嫁接苗，3月份定植于大棚，5月份第一茬商品西瓜采收上市；塑料小拱棚栽培，一般2月上旬培育嫁接苗，4月上旬定植于小拱棚内，6月上中旬第一茬商品西瓜采收上市。

四、西瓜的苗期管理

27. 怎样防止西瓜子叶戴帽出土?

西瓜在育苗或直播后,当子叶出土时,往往有些幼苗的子叶被种皮束缚着而伸展不开,这种现象称为子叶戴帽。它会严重妨碍幼苗的生长发育。

西瓜播种后,在正常情况下,种子依靠胚轴基部的膨胀压力,将种皮由发芽孔推向一方,子叶靠下胚轴的伸长而向下拉长。通过这两个力的作用,使子叶从种皮内逐渐脱出,再加上覆盖种子的沙土对种皮的压力和阻力,所以当子叶出土时种皮便留在土中。如果覆土太薄、播种方法不当、土壤干燥或种胚发育不良等,则往往造成子叶戴帽出土,严重妨碍子叶的伸展和发育。

正确的播种方法是:如果土壤干旱,先洇地补墒再播种。播种时将种子平卧点播(切勿立放或倒置),每穴或每营养钵内分散放入2~3粒种子,然后覆土。覆盖用土应是特备的细沙土。覆土厚度为1~1.5厘米,然后用手轻轻按压一下,以增强土壤保墒能力和瓜苗出土阻力。播后立即盖好塑料薄膜以利保墒增温,待瓜苗60%~70%出土时,立即撤掉塑料薄膜,以防止瓜苗徒长。

28. 怎样进行苗期水分管理?

西瓜苗期对水分的反应敏感,水分过多或过少都会影响幼苗的正常生长。播种前已浇透水的苗床,出苗前一般不再浇水,但若苗床土偏干可喷洒适量温水。幼苗出土后,随着幼苗生长对水分的需求量逐渐增加，床土经蒸发后水分也会显著减少，这时应根据床土水分状况及时补充水分。幼苗长时间缺水会生长缓慢，真叶变小，育苗的日历苗龄也会延长。苗期土壤适宜湿度为田间最大持水量的70%～85%。当土壤含水量大于85%时，苗床空气湿度会相应增加，不仅造成幼苗徒长，还会增加苗期猝倒病等病害的发生。土壤湿度过大还会造成土壤缺氧，影响根系的正常生长，甚至烂根。降低苗床湿度的办法有通风、在苗床上撒草木灰吸湿和进行浅耕等措施。土壤缺水时，应在晴天的上午适量补水，并注意通风，降低空气湿度。

29. 怎样进行苗期温度管理？

育苗阶段苗床的温度调控是育苗成功的关键技术环节之一。温度调控原则是“二高二低”，即：播种后至出苗前温度保持在28℃～30℃，在这一温度条件下，种子出苗快而整齐；当种芽有70%顶土后，应降低温度，白天22℃～25℃，夜间15℃～17℃。因为西瓜出苗时温度如果超过25℃，下胚轴伸长过快会形成高脚苗，不易培育壮苗；当幼苗心叶出来后，下胚轴细胞趋于老化，不再伸长，此时可再次提高温度，白天27℃～30℃，夜间17℃～20℃，以促进幼苗生长；定植前1周，在12℃～20℃的温度条件下炼苗，以提高其抗寒性和适应性。育苗期遇到阴天气温偏低时，应将苗床温度比相应晴天的温度降低3℃左右，以免弱光高温造成徒长。

在温度管理上应注意以下3个问题：一是出苗后在不影响床温的情况下，可适当通风降温，但通风不宜过猛，以免造成闪苗。二是苗棚夜间应加盖草苫。3月中旬以前，上午8时以后揭苫，下午4时以前盖苫；3月中旬以后，上午苗床见光后即揭苫，下午日落前盖苫。三是要经常观察苗床温度情况，并根据幼苗不同发育阶段、外界气候及昼夜温度等及时调节苗床温度，有条件的可采用自动控温仪控温。

30. 怎样进行苗期光照管理？

日光是西瓜幼苗子叶、真叶光合作用的能量来源，育苗阶段日照条件直接影响幼苗的生长速度和苗的强弱。苗床的光照调控管理原则是在出苗后尽可能增加幼苗的受光时间和光照强度，以保证幼苗能够获得充足的能量。

在管理措施上，当日出后气温开始回升时（一般为上午8～9时），应及时揭开苗床上草苫等覆盖物，下午日落前尽量晚些盖覆盖物，以增加受光时间。采用薄膜覆盖时应选用无滴膜等透光性好的薄膜，并经常清洁薄膜表面的灰尘、泥土等污物。当遇阴雨天特别是连阴天时也要揭开覆盖物，使幼苗靠散射光进行光合作用，防止幼苗黄化徒长。

31. 如何应用多效唑控制幼苗徒长培育壮苗？

西瓜在春季弱光照和夏季高温季节容易造成幼苗徒长，形成高脚苗，应用多效唑控制幼苗徒长是十分经济有效的方法。具体施用方法是：在瓜苗子叶展平期，用多效唑可湿性粉剂50毫克，加水1升叶面喷施，喷施量以叶面布满小液滴而不滚落为标准。喷施多效唑后瓜苗下胚轴明显缩短，株型矮而紧凑，对产量和品质却无明显影响。由于多效唑是一种高效生长抑制剂，需要严格控制浓度，当处理浓度大于100毫克/升时，瓜苗下胚轴粗度变小，叶片皱缩甚至严重皱缩，植株表现异常。喷施要避开上午11时至下午3时这段高温强光照时段，以免发生药害。

32. 西瓜沤根是怎样发生的？如何预防？

西瓜沤根病在苗床和田间均可发生，主要表现为植株生长缓慢，影响伸蔓结瓜。受害瓜苗或幼株地上部分生长停滞、萎蔫，叶片上无病斑，长时间不发生新叶，原有叶片逐渐变黄，严重时引起死苗，并容易从土中拔出。受害株根皮变黄，不长新根或仅有少量较细的新根，严重时根皮变为铁锈色并发生腐烂。在苗床或田间常成片发生，根部无病原物。

沤根是土壤水分过多引起的。在西瓜苗期或定植初期，遇连阴雨天，造成土壤低温高湿，氧气不足，引起沤根。特别是在低洼地、黏土地，因排水不良，大雨后造成土壤冷湿，易发生沤根。苗床土质黏重，透水不良，雨后未及时放风晾晒，也可引起沤根病的发生。

沤根应主要采取以下栽培措施进行预防：①选择排水良好的地块育苗或定植，避开低洼地和黏土地。②苗床浇水次数要少，保证床土温度、湿度适宜及良好的透气性。瓜田要做高畦，以利于排水。③发生沤根时，要采取降湿措施，加强通风换气。大田受水淹的地块，要及时排水。④喷施叶面肥，补充营养。

33. 倒苗有哪些好处？什么时候应该倒苗？

倒苗就是在苗期将秧苗的营养钵移动位置，其目的和作用主要有 4 个方面：第一，倒苗有平衡株间长势，控旺促壮的作用。第二，促进发根，有利于定植后尽快缓苗。第三，徒长苗要靠勤倒苗来抑制徒长。第四，当一部分秧苗的营养土比较干燥或少数秧苗缺肥时（这种情况很常见），可对这些秧苗单独管理（包括浇水、追肥）而不至于影响其他秧苗。

当秧苗长到一叶一心时如需调整大小苗可进行倒苗。当秧苗根系穿出营养钵下面的通气孔扎入地下时，应该进行一次倒苗。一般在整个苗期应倒苗两次以上，最后一次倒苗在定植前1周进行。

34. 僵苗产生的原因是什么？防止出现僵苗的措施有哪些？

僵苗在苗期和定植后均有发生，其主要表现是生长长期处于停滞状态。幼苗或植株增长量小，展叶慢。叶色灰绿，原有的子叶和真叶变黄。地下根发黄、甚至褐变，新生的白根少。僵苗恢复很慢，一旦发生就会延误生长季节，严重地影响产量。僵苗是苗期和定植前期的主要生理病害。

(1) 僵苗产生的原因 ①气温偏低导致土壤温度低，不能满足西瓜根系生长的基本温度要求；②土壤质地黏重，土壤含水量高，在湿度大、通气少的土壤环境下发根困难，根系的吸收能力差，在定植后连续阴雨的条件下发生尤为严重；③秧苗素质差，定植时苗龄过长，定植过程中根系损伤过多，或整地、定植时操作不小心，根部架空，影响发根；④苗床或定植穴内施用了未经充分腐熟的农家肥发热烧根，或施用化肥较多，使土壤溶液浓度过高而伤根；⑤地下害虫危害根部。

(2) 防止出现僵苗的措施 ①提高育苗设施标准，创造适合幼苗的环境条件，选沙土加充分腐熟的农家肥配成营养土，培育生长正常、根系发育好、苗龄适当的健壮苗。②适时定植，防止定植后晚霜危害。根据气象预报，选择冷尾暖头晴天定植。③定植地做高畦深沟，加强排水。适当增施穴肥（腐熟农家肥），促进根系生长。④加强土壤管理。前期勤中耕松土，或采用地膜覆盖，增温、保水、防雨，改善根系生长环境。⑤防治蚂蚁等地下害虫。

35. 为什么要炼苗？如何进行炼苗？

炼苗可增强幼苗的抗逆能力，经低温锻炼的瓜苗定植后发根快、缓苗快、进入生长快，有利于早熟。炼苗一般在定植前5～7天开始。炼苗前应选晴暖天气浇一次足水，逐渐加大通风量，使床内温度由25℃～27℃逐渐降到20℃左右，棚温白天保持在20℃～25℃，夜间12℃～15℃。这期间一般不盖草帘。棚室的通风口适当晚闭早开，使幼苗处在接近定植后的环境条件。遇到大风、阴雨、寒流等不良天气应停止炼苗，并采取相应的防寒、防风、防雨措施。

36. 早春西瓜幼苗无生长点的原因是什么？解决办法有哪些？

西瓜幼苗生长点退化，不能正常地生新叶，只有两片子叶，有的虽能形成一二片真叶，但没有生长点，称为封顶苗。

(1)无生长点的原因 一是用陈种子播种。西瓜种子的有效使用期为3年，如果用贮藏3年以上的陈旧种子播种，因种子内养分不足，无生长点的瓜苗相对较多。二是早春的幼苗长期感受低温，新根发生少，根吸水能力弱，即使土壤含水量较多，根也难以从土壤中吸收水分来满足需水量、需肥量最大和生命活动最旺盛的生长点的需要。如果低温持续时间较长，将会导致"生长点枯死"。三是肥害或药害。刚出土的幼苗，生长点较幼嫩，此时如果叶面喷洒农药或肥料浓度过高，或是用量过大，生长点容易受到伤害而停止生长。

(2)解决办法 一是尽可能用新种子播种；二是加强苗期保温防寒工作，防止冻害和冷害的发生；三是苗期在采用叶面肥追肥或喷药时，要严格按照使用浓度、使用量及使用方法进行；四是适时整枝，选留健壮侧芽代替主茎。

37. 为什么要去掉砧木萌发的不定芽？

砧木在嫁接时虽切去了生长点，但在子叶节仍可萌发不定芽。这些不定芽生长迅速，常与接穗争夺养分，影响嫁接苗的成活。因此，要随时切除这些不定芽，以保证接穗的正常生长。除萌操作动作要轻，不能损伤子叶或松动接穗。

38. 西瓜适宜的定植苗龄是多大？

西瓜适宜的定植苗龄是根据不同季节、不同的育苗方式确定的。春季栽培为达到早熟的目的，一般生理苗龄在三叶一心至四叶；日历苗龄分自根苗和嫁接苗而不同，一般自根苗的日历苗龄为25～30天，嫁接苗的日历苗龄为45～55天。夏季栽培由于气温较高，小苗定植容易成活，所以适宜的生理苗龄为一叶一心，自根苗的日历苗龄20天左右，嫁接苗的日历苗龄30～40天。

39. 壮苗的标准是什么？

西瓜育苗阶段是植株生长发育的基础时期。培育壮苗是形成质量好、数量多的雌花最终达到西瓜优质丰产的关键。壮苗有生理标准和形态标准。壮苗的生理标准是：组织含水量较低，干物质含量高。壮苗的形态标准是：瓜苗生长稳健，茎叶粗壮；下胚轴较短，子叶平展、肥厚；主茎节间短；叶柄短，叶色深绿；根系发育良好，侧根数量大，白根多；生理苗龄三叶一心至四叶，且无病虫危害。具备上述标准的瓜苗，耐旱、耐寒，抗逆性强，具有较高的生理活性，移栽定植后缓苗快。

五、西瓜嫁接育苗技术

40. 嫁接西瓜栽培的意义是什么?

西瓜嫁接栽培技术,是指通过利用葫芦、南瓜、野生西瓜等做砧木与西瓜嫁接,利用砧木对土传病害的抗性和较强大的根系,有效解决西瓜因多年连作致使枯萎病等土传病害危害严重、造成产量明显降低甚至绝产难题。因此,西瓜嫁接栽培有利于老瓜田持续获得高产高效。

(1)能有效防止枯萎病等土传病害的危害 西瓜以葫芦、白籽南瓜和野生西瓜做为砧木,利用其抗病性,能使西瓜连作栽培获得较好的效益。据北京市大兴区农业科学研究所连续3年在多年重茬瓜地的对比试验结果:到采收期嫁接西瓜枯萎病的发病率为0,对照西瓜发病率达30%以上,表明采用西瓜嫁接栽培是老瓜区西瓜产业的持续发展的有效措施。

(2)促进西瓜前期营养体的生长 目前常用的葫芦、南瓜的根系较西瓜发达,适应性较强,子叶面积也比西瓜大,因此嫁接苗成活进入正常生长后,生长速度比自根苗快,根系也不易衰老。

(3)增加植株抗性 试验结果表明,自根苗西瓜在16℃~18℃时即停止生长,而嫁接苗表现较好,抗寒能力明显提高。但不同砧木种类的抗寒性有所差异,以南瓜最强,葫芦其次。

(4)提高肥料利用率 嫁接西瓜植株由于砧木的根系发达,吸收能力较强,促使地上部分生长势较强,因此施肥量可比自根苗西瓜减少20%以上,但仍可达到与自根苗相同的营养生长量和西瓜产量。

(5)提高西瓜产量 西瓜嫁接栽培,由于有效防止了枯萎病等土传病害的发生,增强了植株对低温不良环境的抗逆性,提高了根系吸收能力和肥料利用率,因此能显著提高产量,一般可比自根苗西瓜增产20%以上,果实品质与自根苗基本相同。

41. 西瓜嫁接栽培应如何选择砧木类型?

西瓜嫁接栽培所使用的砧木主要有葫芦、白籽南瓜和野生西瓜3种类型。使用较普遍的是葫芦和白籽南瓜两种。根据栽培季节不同、嫁接方式不同,选用的西瓜品种不同,对砧木的要求也不同,所选砧木的种类也不同。

(1)根据栽培季节选择砧木 华北地区西瓜嫁接栽培主要有春季栽培和夏季栽培这两种栽培方式。在育苗期间外界的环境温度差异很大,即春季外界环境温度低、夏季外界环境温度高。葫芦和白籽南瓜两个砧木苗期对温度的反应不同,同样在温度较低的环境中,南瓜比葫芦苗出得齐、长得快,这是不少瓜农春季嫁接栽培选择白籽南瓜的主要原因。它的缺点是坐瓜前如果水肥管理不当,特别容易跑秧,对西瓜的果实品质影响较大。葫芦砧春季使用虽在苗期生长较慢,但不容易跑秧,好坐瓜,嫁接后对西瓜果实品质影响较小。因此,两种砧木均可在春季栽培上选用。

(2)根据不同嫁接方式选择砧木 西瓜嫁接栽培常用的嫁接方式有顶插接、贴接、劈接和靠接。前3种嫁接方式,葫芦、白籽南瓜两种类型的砧木均可选用。如果选用靠接方式,则不宜选用白籽南瓜砧木。原因有两点:一是南瓜砧木下胚轴较短,嫁接时砧木与接穗2个舌形接点不容易镶嵌;二是南瓜砧木下胚轴容易空心，影响嫁接苗成苗率。因此，靠接应选用葫芦砧木。

(3)根据不同种类的西瓜选择砧木 如果选用新秀一代、早春红玉等小型西瓜做接穗，则不宜选生长势强的南瓜砧木，因为嫁接后瓜秧长得旺，雌花瘦小，坐瓜不齐且较晚；而用葫芦砧嫁接，虽瓜秧不旺，但雌花发育较好、坐瓜较齐。因此，选择葫芦砧较适宜。

42. 理想的西瓜砧木应具备哪些条件？

在西瓜嫁接栽培中，选择砧木很关键。一般理想的砧木应具备较强的亲合性、较好的抗病性和嫁接后西瓜有较优良的品质。

(1)砧木和接穗间的亲合性要强 亲合性直接关系到砧木和接穗嫁接后的成活率，关系到嫁接后能否正常生长和结瓜。一般可把嫁接亲合性分为嫁接亲合力、共生亲合力两种。嫁接亲合力是指砧木与接穗嫁接后愈合成活的能力，共生亲合力是指砧木与接穗嫁接成活后嫁接植株正常生长的能力。在瓜类作物中，与西瓜亲缘关系由近及远的排序为葫芦、冬瓜、南瓜、甜瓜、黄瓜。一般用于作西瓜砧木的有饲料用西瓜、葫芦、南瓜和冬瓜，最常用的为葫芦和南瓜。葫芦砧的嫁接亲合力和共生亲合力优于南瓜。

(2)砧木的抗病性要强 选择嫁接栽培的砧木，除考虑抗枯萎病之外，最好还能兼抗其他病害。一般南瓜砧木抗瓜类枯萎病的能力最强。由于西瓜枯萎病有西瓜、黄瓜、甜瓜、丝瓜、葫芦和南瓜等多种分化型，对侵染寄主各有一专化性，因此在选择抗病砧木用于抗重茬栽培时，应当了解当地致病菌属于哪种分化型，以便选用适宜的抗病砧木。

(3)砧木对接穗果实品质的影响要小 采用西瓜嫁接栽培时，砧木对果实外观和品质的影响直接关系商品瓜收益。据有关资料表明，以南瓜为砧木的西瓜果实，果皮较厚，果肉较硬，风味品质较差；以冬瓜为砧木的西瓜果实，果肉变软，含糖量下降，果实的风味品质也较差。只有以葫芦为砧木的西瓜果实的各项品质指标与西瓜自根苗对照相比无明显差异，基本能保持西瓜品种的原有风味特点。

43. 为什么说黑籽南瓜不宜做西瓜嫁接砧木？

在西瓜嫁接栽培中，用黑籽南瓜做嫁接砧木已有多年了。20 世纪 80～90 年代，国内不少的产瓜区都以黑籽南瓜做砧木进行嫁接栽培，在当时也确实推动了老瓜区西瓜产业的发展，使连作西瓜获得了稳产、高产。但是，近年来国内的西瓜育种单位和科研部门，对嫁接西瓜使用不同砧木影响西瓜品质的情况进行了研究。结果表明：用黑籽南瓜、白籽南瓜、葫芦、野生西瓜做砧木分别与同一西瓜品种嫁接，在西瓜达到九成熟时测定平均折光含糖量分别为 9 度、9.8 度、10 度、10.1 度，黑籽南瓜做砧木的含糖量最低。通过品尝对比，黑籽南瓜做砧木的口感最差，生育期也比用葫芦嫁接的西瓜晚熟 3～4 天。在京郊产瓜区，该砧木已被瓜农拒绝使用。

44. 采用顶插嫁接法嫁接西瓜苗，容易出现的问题及该嫁接育苗方式的关键技术是什么？

(1)容易出现的问题 采用顶插接法培育嫁接西瓜苗，容易出现的主要问题是假活，即在嫁接时，当遇到砧木生理苗龄较大、胚轴有中空的情况时，由于接穗是垂直插入到砧木的胚轴中的，这时接穗的下胚轴大部分插到了砧木胚轴的空心内，虽然短期内依靠与砧木一小部分的结合维持成活，但会逐渐因营养不良而变弱致使死亡。

(2)关键技术

①催芽后播种　为保证砧木和接穗出苗的整齐度，在砧木和接穗播种前做好浸种、催芽，当芽长到 2～3 毫米时进行播种。

②砧木和接穗播种时间差的确定　为使砧木和接穗的嫁接适期相遇，砧木比接穗提前 7～9 天播种，即砧木长到一叶一心，接穗长到两片子叶展开。

③营养钵及营养土的准备　播砧木选用 8 厘米×8 厘米的营养钵，接穗播在育苗畦或育苗盘中。营养土选用 80%非瓜菜田砂壤土质的耕层土，20%充分腐熟的优质农家肥或草炭土，每定植 667 平方米用营养土约 1 立方米，需加多菌灵 200 克。

④嫁接前准备　砧木提前 2 天浇水。做好培育嫁接苗的畦，畦宽 1～1.5 米，畦长 5～6 米，插好竹竿准备随嫁接随着盖膜。嫁接前 1 天洇畦，以增加环境湿度。需要准备的工具有：小喷壶 1 个，小水盆 1 个，保险刀片 1 个，竹签 2 个。竹签削成与接穗下胚轴粗细相同，较粗点儿的 1 个和较细点儿的 1 个，依接穗的粗细不同分别选用。竹签略扁为楔形，横断面半圆形，先端渐尖。

⑤嫁接　取接穗去根后放入盛有洁净水的小水盆中。取砧木先用刀片将第一片真叶和生长点自生长基部削去。选与接穗下胚轴粗细相近的竹签，在砧木子叶一侧以 35°～40°角向斜下方插入，竹签半圆面朝上，平面朝下。插入竹签时，用另一只手捏住砧木下胚轴，当手指感觉到竹签尖时即可。一般深度为 0.5～1 厘米，不拔竹签。在水盆中取接穗，在接穗

子叶下约1厘米处向下削去下胚轴表皮，再翻转接穗从背面子叶下1厘米处向下30°～40°角斜切第二刀，斜面长度与已插孔相同。拔出竹签，将削好的接穗斜面向下迅速插入砧木的孔中，与砧木孔周围尽量贴合（图2）。为保证成活率，插、切动作应快而准，嫁接环境要遮荫背风，空气温和湿润。嫁接苗要及时喷水保湿，扣严棚膜遮荫。如果嫁接前2～3天对砧木苗进行摘心，可使砧木下胚轴明显增粗，有利于提高嫁接苗的成活率。

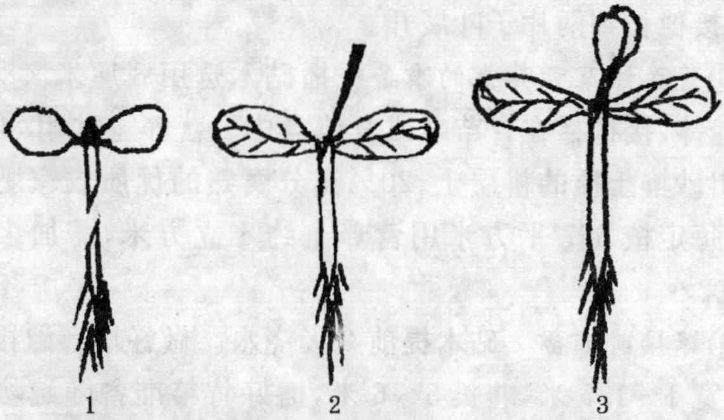

图.2　顶插接法示意图

1. 削接穗　2. 砧木插孔　3. 嫁接

⑥抓好嫁接后三项环境指标的管理　即遮荫管理、温度管理和湿度调节。

遮荫管理：嫁接后3天内要在拱棚上加盖遮阳网，防止阳光直射；第4～6天，每天早晚各减少1小时覆盖；到第7天只在中午遮荫，遮挡中午的强光照；以后则不需遮荫。

温度管理：通过加温、调温措施，使棚内白天气温在26℃～32℃，夜间在18℃～22℃，以利嫁接伤口愈合。温度和湿度可通过拱棚薄膜风口来调节。嫁接10天后温度调节进入正常管理。

湿度调节：嫁接后1～3天，棚内空气相对湿度应保持在95%～98%，4～6天降为90%～95%，7～10天降为85%～90%，10天后降为80%～85%。

⑦倒苗、抹去砧木不定芽　嫁接后12～15天倒苗。将筛出的弱苗加强管理。同时，倒苗可断掉扎出营养钵的根系。嫁接后从砧木子叶处常生出不定芽，要及时抹掉，以保证接穗的正常生长。

45. 夏播西瓜嫁接栽培，顶插接的关键技术是什么？

夏播西瓜嫁接育苗正处在6月底至7月初的高温季节，管理以保湿降温为主。其播前准备、播种、嫁接等可参照春季育苗。主要技术有3点：一是砧木播期比接穗播期早播4～6天。二是遮荫降温。嫁接后的3天内，要用喷雾器向苗上喷水来降温。嫁接后的4～5天中，育苗棚要用草苫或蒲席遮荫、降温。具体做法是将草苫或蒲席放到距地面1米多高的位置，使棚内有散射光。三是保湿。嫁接前在棚室内支好拱棚扣好膜。拱棚顶部留通风口。嫁接后的3～4天内，如拱棚内膜上没有水滴，说明湿度不足，需用喷雾器向瓜苗喷水。嫁接后的2～3天要有专人看管，一般白天1～2个小时喷1次水。如拱棚内温度过高（32℃～35℃）或湿度过大（达到100%）应打开拱棚的顶风口，待温、湿度下降后再关闭风口。嫁接5～6天后嫁接口愈合，7天后进行正常生长。

46. 采用贴接法（削耳朵）嫁接西瓜苗容易出现的问题及该嫁接育苗方式的关键技术有哪些？

（1）容易出现的问题　采用贴接法的主要目的之一是抢

早，所以砧木长到两片子叶展平、真叶露心时就可嫁接，但栽培上常被瓜农忽视而嫁接偏晚，达不到提早育成嫁接苗的目的。容易出现的第二个问题是因湿度过大，砧木被炭疽菌侵染，造成惟一的子叶因被侵染而失去光合能力，致使嫁接苗生长缓慢或死亡，成苗率降低。

(2)关键技术

①催芽播种　砧木和接穗都需催芽后再播种。

②营养钵和营养土的准备　同顶插接。

③砧木和接穗播期差的确定　砧木播种日期以比接穗早4～5天为宜。这样砧木长到两子叶展平并长出真叶心时，接穗两子叶刚好展平。

④嫁接前准备　需要准备的工具有嫁接夹、保险刀片、小水盆1个、小喷壶1个。做好培育嫁接苗的畦，准备好遮阳网（要求同顶插接）。

⑤嫁接　先将接穗沿根部剪下放到盛有洁净水的小水盆中。取砧木，先用刀片切去生长点，然后在两子叶1/3处，用刀片向另一侧呈30°角切下，刀口长0.7～1厘米，紧接着，从小水盆中取接穗用手捏住两子叶，另一只手拿刀片，在子叶下方0.7～1厘米处向下呈约30°角斜切下，刀口长0.7～1厘米。将砧木刀口与接穗刀口相贴，一侧的表皮对齐，然后用嫁接夹夹好（图3）。用小喷壶喷水。

⑥嫁接后的管理　嫁接后至伤口愈合期间的温度、湿度、光照管理同顶插接法。嫁接后12～15天撤嫁接夹。

47. 采用劈接法嫁接西瓜苗容易出现的问题及该嫁接育苗方式的关键技术有哪些？

(1)容易出现的问题　一是嫁接时用刀片切嫁接口容易

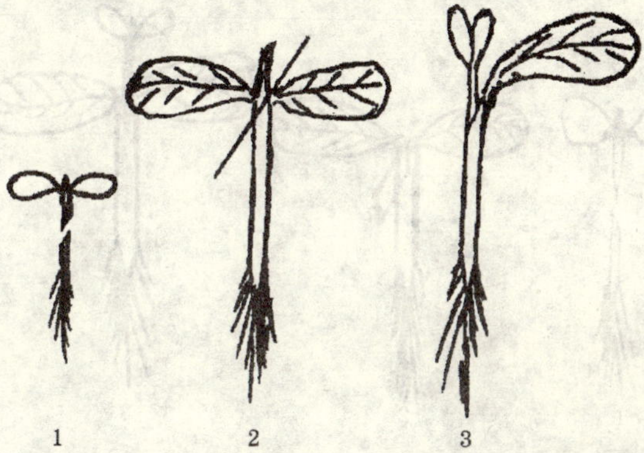

图3　贴接法示意图

1. 削接穗　2. 削砧木　3. 嫁接

将砧木下胚轴全部劈开，造成两子叶下垂，严重影响嫁接口的愈合；二是劈接时，接穗的楔形接口未与在砧木上劈出的接口的一侧表皮对齐，影响嫁接口愈合和嫁接苗的成活率。

(2)关键技术

①嫁接前准备　关于营养钵、营养土、催芽、播种、砧木与接穗播期时间差、嫁接畦的准备、砧木和接穗的嫁接适期及所需物品等与顶插接相同。

②嫁接　先取部分子叶已充分展开的接穗，去根后放到小水盆中。取砧木，用左手捏住子叶下方，先用刀片将生长点切掉，然后在砧木两子叶中间用刀片纵向切嫁接口，刀口宽是胚轴的2/3，纵向长为0.8～1厘米。随后取接穗，用左手捏住两片子叶，右手拿刀片，在子叶下方约1厘米处斜切一刀，然后翻转再切一刀，使接穗的楔形接口的横切面呈三角形或梯形。将接穗楔形接口插入砧木刀口，使接口平合，用嫁接夹夹好(图4)，喷水，放入遮荫育苗棚。

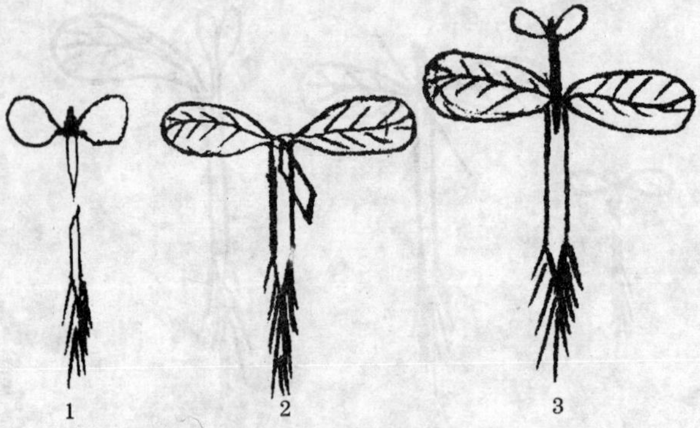

图 4 劈接法示意图

1. 削接穗 2. 劈开砧木 3. 嫁接

③嫁接后管理 嫁接口愈合期的温度、光照、湿度管理同顶插接法。

48. 采用靠接法嫁接西瓜苗容易出现的问题及该嫁接育苗方式的关键技术有哪些?

(1)容易出现的问题 一是嫁接时砧木和接穗切口过浅没有达到胚轴的2/3,接穗没有和砧木真正镶嵌到一起,接穗根一经切断,嫁接苗即死。二是嫁接苗成活后(嫁接后10～12天)未及时断去接穗的根,使嫁接苗同时存在两种根系,未断接穗根易造成嫁接苗成活率降低。如不断去接穗的根,易使嫁接西瓜受到枯萎病侵染。

(2)关键技术

①嫁接前的催芽、营养钵选择、营养土配制 同顶插接。

②播种 砧木与接穗播在同一个营养钵中。接穗提前3～4天播在营养钵的一侧,砧木播在营养钵的另一侧。

③嫁接适期 当砧木子叶展开,接穗到子叶展开、真叶出

现时，为嫁接适期。

④工具　小喷壶、保险刀片、嫁接夹。

⑤嫁接　取已长到靠接适龄的砧木及接穗的营养钵。先抹去砧木的生长点，随后在砧木子叶下胚轴1.5～2厘米处，用刀片向下呈35°～40°角斜切一刀，深度达砧木下胚轴的2/3，随后在接穗的子叶下1.5～2厘米的位置向上呈35°～40°角斜切一刀，深度达接穗下胚轴的2/3，将砧木和接穗的舌形切口镶嵌，用嫁接夹夹好(图5)，最后用小喷壶喷水2～3下，该苗嫁接完成。还有一种培育靠接砧木及接穗的方式，即砧木播在营养钵内，接穗播在育苗盘内，靠接时将接穗带根拔起，靠接后将接穗根系埋入营养钵内，浇少量水使接穗根系仍能提供水分，以便维持嫁接口的愈合。采用这种方式，接穗苗要播的稍密一些，让接穗的下胚轴高点儿，便于靠接。

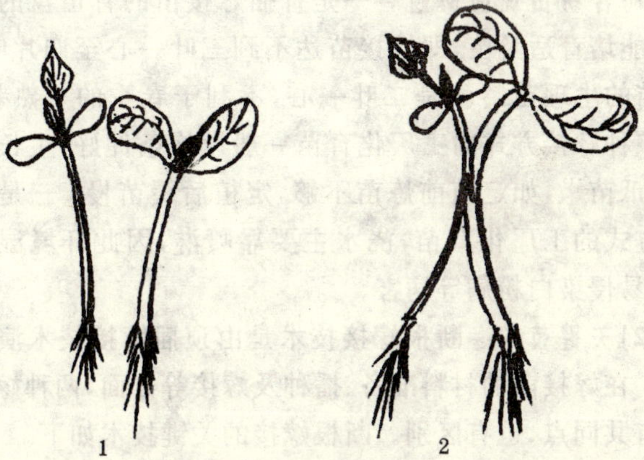

图5　靠接法示意图

1. 削接穗、砧木　2. 嫁接

⑥嫁接后管理　光照管理：嫁接的当天中午如果光照较

强，可适当遮荫。温度管理：以白天26℃～32℃，夜间18℃～22℃为宜。

⑦断根、抹不定芽　靠接后8～10天断掉接穗根的1/2，靠接后12～15天将接穗的根全部断掉，同时抹掉砧木生长点附近长出的不定芽。

49. 采用断根嫁接法嫁接西瓜苗容易出现的问题及该嫁接育苗方式的关键技术有哪些？

西瓜断根嫁接技术，是20世纪90年代从韩国引进的，它适合于工厂化培育西瓜嫁接苗。这项育苗技术2001年已在北京市大兴区庞各庄西甜瓜基地育苗场推广应用，当年培育断根嫁接西瓜苗100多万株。目前这项技术已在海南省西瓜嫁接育苗中应用。

(1)容易出现的问题　一是扦插嫁接苗的育苗盘的穴径小，不能培育适龄苗，即嫁接苗达不到三叶一心至四片叶，一般成苗的生理苗龄就是二叶一心，不利于春季的早熟栽培；二是该种嫁接方式的工厂化育苗一般设施条件好，生长速度较快，瓜苗嫩，如定植前炼苗不够，定植后缓苗慢；三是该种嫁接方式的工厂化育苗，浇水主要靠喷淋，因此环境湿度较大，容易侵染白粉病等病害。

(2)关键技术　断根嫁接技术是由顶插嫁接技术演变而来的。在嫁接前的材料准备、播种及嫁接等方面，两种嫁接方式既有共同点，也有区别。断根嫁接的关键技术如下。

①播前准备　购72孔穴盘（培育砧木苗）、50孔穴盘（扦插嫁接苗）、128孔穴盘（播接穗）和草炭、蛭石、育苗专用肥等。砧木选用葫芦砧。

②播种要求　带芽播种。砧木比接穗早播7～9天。

③嫁接　嫁接的工具准备、设施准备和嫁接时的工序和要点，可参照顶插接。只是在嫁接前将砧木苗从育苗盘中剪下，待嫁接完成后，再扦插到50孔育苗盘中（图6）。这里需要注意的是剪砧木时，砧木的下胚轴长度要尽可能一致，扦插后，使嫁接苗高矮整齐。

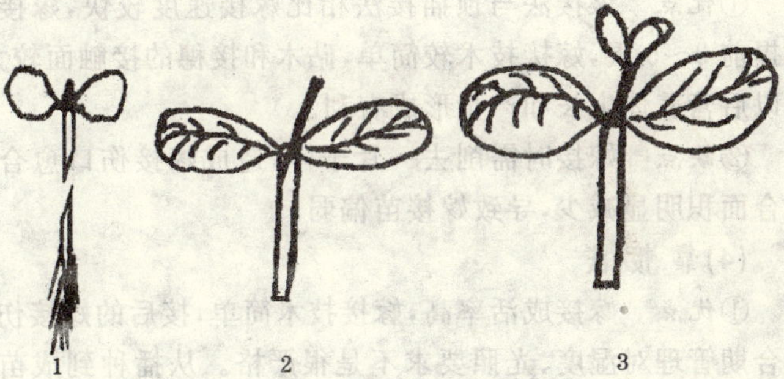

图6　断根嫁接示意图

1. 削接穗　2. 砧木插孔、断根　3. 嫁接

④嫁接后的管理　在温度、湿度和光照控制上，可参照顶插接。

50. 西瓜不同嫁接方式的优点和缺点有哪些？

(1)顶插接法

①优点　嫁接比较简单，嫁接速度较快，嫁接口砧木和接穗接触面大。

②缺点　嫁接后的伤口愈合期对温度、湿度、光照的要求较严格，管理不当常造成嫁接苗成活率低，容易出现假活苗。

(2)劈接法

①优点　对砧木生理苗龄要求不太严格。砧木与接穗在

嫁接时接触面大，成活率较高，有利于嫁接西瓜营养体的生长和产量水平的提高。

②缺点　嫁接用工较多。接后的伤口愈合期对湿度、光照要求较严格。

(3)贴接法(削耳朵接法)

①优点　该接法与顶插接法相比嫁接速度较快，嫁接期可提前3～5天，嫁接技术较简单，砧木和接穗的接触面较大，对以后营养体生长和产量形成有利。

②缺点　嫁接时需削去一片子叶，造成嫁接伤口愈合期光合面积明显减少，导致嫁接苗偏弱。

(4)靠接法

①优点　嫁接成活率高，嫁接技术简单，接后的嫁接伤口愈合期管理对湿度、光照要求不是很严格。从播种到成苗比顶插接方式少10～15天。

②缺点　嫁接时砧木与接穗接触的面与上述3种接法相比偏小，营养体较弱，不利于高产栽培。

(5)断根嫁接法　断根嫁接法是在顶插接法嫁接西瓜的同时断掉砧木的根系。

①优点　可通过利用72孔穴盘培育砧木，从而节约育苗温室的面积。嫁接时先剪断砧木，嫁接后再扦插到装好营养土的营养钵或50孔的育苗盘中。断根嫁接苗整齐度高，便于管理。砧木由于嫁接时断去主根系，促使其新生侧根，到成苗时，根系量比不断根嫁接苗增加30%以上，且新生根系健壮，定植时不会出现根系老化现象，有利于早发苗、促高产。断根嫁接有利于工厂化繁育嫁接西瓜苗。

②缺点　嫁接后伤口愈合期对湿度、光照和环境气温要求高。湿度要求达到95%；遮光；温度要求白天26℃～

32℃，夜间18℃～22℃。该嫁接方式不适合一家一户的嫁接育苗。

51. 怎样为早春设施栽培育好嫁接西瓜苗？

北方地区设施保护地西瓜嫁接栽培，由于栽培设施不同，所以育苗期也不同。一般育苗期在1～3月份。此时期常因雨雪天气影响，给嫁接西瓜苗的培育带来很大困难，受害严重的死苗在50％以上。怎样才能抵御早春雨雪天气而培育出健壮的嫁接西瓜苗呢？重点应抓好以下4个环节。

(1)建好育苗棚，增强抵御不良天气的能力 早春雨雪天气给育苗带来三大不利因素是低温、高湿、寡照，通过加强苗棚建设可有效缓解。首先，育苗棚墙体厚要在37厘米以上，以利于保温；其次，后墙内侧在1.6米以上，棚内较大的空间有利于温度的稳定和湿度的降低；第三，覆盖物（蒲席、草苫）保温性要好；第四，塑料薄膜的透光性要好。

(2)要有加温设施 常用的有炉火加温、电热线加温和暖气加温。早春设施保护地的嫁接育苗，通过必要的加温措施，不仅可使瓜苗健壮、抗逆性强，更重要的是在遇到雨雪天气时，通过及时加温来维持棚内适宜的小气候条件使瓜苗免受伤害。

(3)营养土的配制要结合防病 一是选用非瓜菜田耕层的砂壤土或沙土；二是选充分腐熟的农家肥；三是每立方米的（667平方米瓜田）营养土加多菌灵200～250克进行土壤处理。

(4)雨雪天管理措施 一是加强温、湿度管理。雨雪天气棚内易出现低温高湿，引起嫁接苗伤口腐烂，通过加温设施使棚内白天温度达到22℃～26℃，夜间温度达到12℃～16℃，适当通风使棚内空气相对湿度控制在85％～95％。不要浇水。不宜采取喷雾防治病虫害。二是尽可能争取更多的散射光照射时数。白天要拉开蒲席，并清除膜上尘土等物。三是要加强管理力度。雨雪天气期间要有专人负责苗棚管理，及时掌握棚内温、湿度变化和瓜苗长势，发生问题及时解决。

六、西瓜的田间管理

52. 西瓜无公害生产对环境质量有哪些要求?

无公害西瓜生产环境必须符合以下要求。

(1)基地环境空气质量 基地空气中任何一日下列物质浓度小于等于如下数值:总悬浮颗粒物0.3毫克/立方米、二氧化硫0.15毫克/立方米、二氧化氮0.12毫克/立方米。

(2)基地灌溉水质量 pH值在5.5～8.5之间,化学需氧量≤1.5毫克/升,总汞≤0.001毫克/升,总镉≤0.005毫克/升,总砷≤0.05毫克/升,总铅≤0.1毫克/升,氟化物≤0.5毫克/升,石油类≤1毫克/升,粪大肠菌≤10000个/升。

(3)基地土壤环境质量 镉的含量限值不超过0.3毫克/千克,汞的含量限值不超过0.5毫克/千克,砷的含量限值不超过30毫克/千克,铅的含量限值不超过300毫克/千克,铬的含量限值不超过200毫克/千克,铜的含量限值不超过100毫克/千克。

53. 西瓜高产高效的轮作倒茬模式有几种?

西瓜栽培受土壤、气候、交通、市场等因素影响,往往区域性较强,重茬现象严重。嫁接西瓜栽培技术基本上解决了因连作而造成的枯萎病的危害,但仍不是最佳的方法,如一些西瓜主产区的保护地设施内的根结线虫病的危害已非常严重,倒茬轮作不可忽视。下面介绍几种轮作倒茬模式。

(1)林地茬口 多年的林地砍伐后栽培西瓜是最佳的茬

口。经对东北、西北、华北多个西瓜主产区调查表明，在林地茬口种西瓜，在少施肥料 30%的前提下，西瓜产量仍比重茬栽培的高，且含糖量、口感明显优于连作嫁接瓜。

(2)粮食作物茬口 华北地区粮食作物主要指小麦、玉米。从营养学和病理学上考虑，粮食作物的茬口栽培西瓜有利于抗病高产，也有不少瓜农采用这种模式进行倒茬轮作。

(3)辣根作物茬口 辣根作物主要包括韭菜、葱、辣椒等。生产实践表明，在根结线虫危害较重的多年连作的设施保护地内，栽培辣根作物能有效抑制根结线虫的数量和危害，且随着栽培茬口的增加效果越好。

54. 西瓜间作套种的原则有哪些?

第一，要明确主次。一般以西瓜为主作物，其他间作套种作物为副作物。

第二，要减少套作物之间的生长矛盾。交叉共生期愈短愈好。套作物旺盛期不能重合。

第三，应根据季节和作物的生物学特性而定。瓜前套作物应具有耐寒特性，瓜后套作物应具有耐热性。

第四，西瓜本身喜光照，尽量不与高秆作物进行间套作。

第五，尽量避免间套作物与西瓜发生共生病虫害。

55. 华北地区常用的套作模式有哪几种?

(1)瓜薯套作 西瓜定植后，于5月上旬将甘薯栽于瓜畦的顶部，西瓜采收后，甘薯进入旺长期。

(2)瓜菜套作 ①前套大蒜、菠菜等越冬蔬菜。在头年秋季播种时留出 100 厘米宽的空行，翌年春季种植西瓜。②前套早甘蓝、小油菜等早春速生蔬菜。早春土壤解冻后整地做畦，并留出瓜行，3 月份种植蔬菜，4 月份种植西瓜。③与西瓜同期套作豇豆、茄子等夏菜。

(3)西瓜花生套作 在 150～170 厘米宽的条带上种植 1 行西瓜，5 月初在地膜两侧点 1～2 行花生，每 667 平方米西瓜密度为 600～700 株，花生密度为 2 500 穴左右。

(4)麦瓜套作 秋季播种冬小麦时预留 50 厘米宽的西瓜种植行，翌年 4 月下旬定植西瓜。这种方式在华北地区广泛采用，一般每 667 平方米产小麦 200～250 千克、西瓜 2 000～2 500 千克。

56. 影响西瓜产量的因素有哪些？

(1)品种 不同的品种形成目标产量的潜力不同，但都有其特定的范围。一般早熟品种生长势弱、果实发育期短，产量较低。晚熟品种长势强，营养面积大，果实发育期长，产量较高。中熟品种介于两者之间。

(2)土壤肥力 不同的土壤肥力提供养分的能力不同，对植株长势及产量的形成都有影响。较高的土壤肥力，有利于获得西瓜高产。但肥力过高，会促进植株旺长，反而会降低产量。

(3)水分 西瓜生长需要适宜的水分供应，缺水会严重影响植株生长，因而会降低产量。

(4)密度 西瓜的总产量决定于密度和单株产量。密度低，单瓜重不变，产量则低。密度过大，超过一定限度，会造成单瓜重减少，总产量也会降低。

(5)温度 西瓜生长需要充足的热量，如果积温不够，生育期延迟，产量会大幅度下降。

(6)光照 西瓜是喜光作物。营养物质积累是通过光合作用来完成的，在温度、水分等条件满足的情况下，充足的光照是物质合成的保证。

57. 西瓜栽培应选择什么样的土质？

西瓜对土壤质地的要求不严，适应范围较广，不论是沙土、黏土、壤土或轻碱地，均可栽培，但最适宜的土质是砂质壤土。这种土质通透性好，土温昼夜温差大，生产的西瓜含糖量高，品质好。砂土层过厚的耕地，一般土壤肥力较低，需增施有机肥来提高肥力。

58. 如何根据栽培方式整地做畦？

塑料大棚西瓜单行种植一般按行距 1.3～1.4 米挖瓜沟，沟宽 40 厘米，沟深 30 厘米。若采用小拱棚，一般每畦种植双行，两畦中心线距离 2.6～2.8 米，瓜沟宽 80 厘米，瓜沟深 30 厘米。开好瓜沟后，每 667 平方米施用腐熟优质农家肥 4～5 立方米，同时施用磷酸二铵和尿素各 30～35 千克，硫酸钾 25～30 千克，或施用与上述肥料有效成分相当的其他肥料。肥料与土壤混拌均匀后，做成小高畦，畦高 20 厘米、宽 60～65 厘米。这种做畦方式有利于土壤升温和灌排水。

59. 如何确定不同设施类型的定植适期？

西瓜定植期的确定因设施保温性能的差异而有所不同。一般是当设施内地温稳定在 10℃ 以上即可定植。北京地区不同设施类型的定植期如下：日光温室西瓜一般在 2 月中下旬定植；大棚＋二层幕(或 2 个炉火)＋2 米拱棚＋地膜＋棚外围草帘，3 月初定植；大棚＋2 米拱棚＋地膜＋棚外围草帘，3 月中旬定植；4 米拱棚＋草苫，3 月下旬定植；4 米拱棚栽培，3月底至4月初定植。

60. 怎样确定西瓜的定植密度？

西瓜的定植密度应根据不同的栽培管理措施而定。以在西瓜旺长期植株能够充分利用空间、又不会因密度过大而影响产量、使产量和效益达到最佳为原则。

小果型、中果型西瓜地爬栽培密度为每667平方米600～800株。单行种植，行距1.3～1.5米，株距0.6～0.8米；双行种植，畦距2.6～2.8米，畦上行距0.5米以上，株距0.6～0.8米。

上架栽培充分利用了上层空间，单株占地面积较小，一般适用于小型西瓜，密度每667平方米可达1 600～1 800株。单行种植，行距1.2米，株距0.3～0.35米；双行种植，畦距2米，株距0.35～0.4米，畦面上两行西瓜相嵌定植。

61. 西瓜定植的关键技术是什么？

(1)选择适宜的定植期 做好畦、覆好膜后，选择适宜的定植期是实现早熟高产的关键措施之一。定植过早，地温过低，不易成活；定植过晚，达不到早熟的目的。具体的环境条件要求是：西瓜生长的大田环境日平均温度稳定在10℃～12℃，最低气温大于5℃；高畦地膜下10厘米处地温稳定通过10℃时为定植适期。定植时选择晴朗无风天气。

(2)选择健壮秧苗 定植时要选择根系发达、白根较多的健壮秧苗，淘汰弱苗、病苗。按秧苗等级划片定植，以利于有针对性的管理。

(3)保护好根系 秧苗需轻拿轻放，尽量不要损伤根系。将秧苗从营养钵中倒出后，放入定植穴并用细土封实，按穴浇一次团结水，待水渗后封好定植穴，保持土坨与周边土壤紧密接触。

62. 阴雨天气对定植后的西瓜怎样管理？

这里主要是指早春设施西瓜在定植后遇到阴雨天气的管理。主要有3项措施：一是抓好增温、保温。阴雨天气外界气温降低，会直接影响棚内温度，容易出现冷害。可采取临时炉火加温、电热线加温、热风炉加温等不同方式的人工加温和关闭所有风口的保温措施，维持西瓜根系所需要的温度。二是尽可能多地接受散射光。白天应揭掉除棚膜以外的覆盖物，包括草苫和棚内的多层覆盖物，清扫在棚膜上的灰尘和杂物，用竹竿敲打棚膜外侧震掉膜内侧的水滴以增强透光性。三是尽可能降低棚内的湿度。此期间不宜浇水，应进行中耕松土，以提高地温，降低棚内湿度。

63. 双膜覆盖小拱棚栽培温度管理要点是什么？

双膜覆盖就是在瓜垄上覆盖地膜，定植后再用竹片等做成棚架，覆盖农膜，即形成双膜覆盖。秧苗定植后，以增温保温促进缓苗为主，重点是防止大风刮坏或刮开棚膜导致降温而影响西瓜生长，夜间棚外覆盖草苫保温。新叶长出以后，标志缓苗期已过，以促苗快长为主要目的。中午棚内温度可达到30℃～35℃，为防止高温烤苗，中午需扒缝降温排湿。此期夜间仍需盖严棚膜。伸蔓后如果温度过高，易造成徒长，影响坐果，因此温度管理的要点是适当控制温度，中午放大风，夜间虚盖膜。坐果后瓜蔓已伸出棚外，可陆续拆棚。

64. 大棚西瓜的温度管理措施是什么?

温度调控包括前期防寒保温和后期防止高温危害两个方面,并保持一定的昼夜温差变化。定植后的1周内,要密闭大棚,以提高地温,促进缓苗。防寒保温可采用多层覆盖方法。冷空气来临时可用炉火加温,白天温度不超过35℃可不必通风降温。伸蔓期白天中午温度超过30℃时开始通风,下午温度降至26℃时关闭风口。随着外界气温的升高,通风量逐渐加大。早期通风时要防止扫地风闪苗。开花结果期白天温度保持在26℃~30℃,夜间温度保持在16℃~20℃。膨瓜阶段保持较大的昼夜温差可促进品质的提高。

65. 大棚西瓜的光照管理措施是什么?

光照管理措施的关键是尽可能创造条件增加光照。采取多层覆盖的大棚,在保证温度不降低的情况下,每天在日出后由外及内逐层揭膜,下午日落时再逐层盖膜。如有草苫,尽可能早揭晚盖,以增加光照时间。要及时清除棚膜外侧的尘土、杂物,以增加透光率。

66. 什么是膜下暗灌?

膜下灌溉分膜下滴灌和膜下暗灌两种方式。膜下滴灌是在整好栽培畦后按行距铺设滴灌管,上面再覆盖一层地膜,主要起保墒、防病、除草等作用。这种灌溉方式省水、灌溉效果好,但投入成本高,对水质及灌溉设备要求高。膜下暗灌是把每畦定植两行的小高畦改成中间凹瓦垄畦,畦上覆盖地膜,畦两侧各定植1行西瓜,瓦垄中间凹的部分形成浇水沟(图7)。这种灌溉方式也具备了省水、降低设施保护地内环境湿度、防病、防草等与膜下滴灌相同的优点，而且还具有投入少、应用方便的优点，适用于较分散的个体生产者。

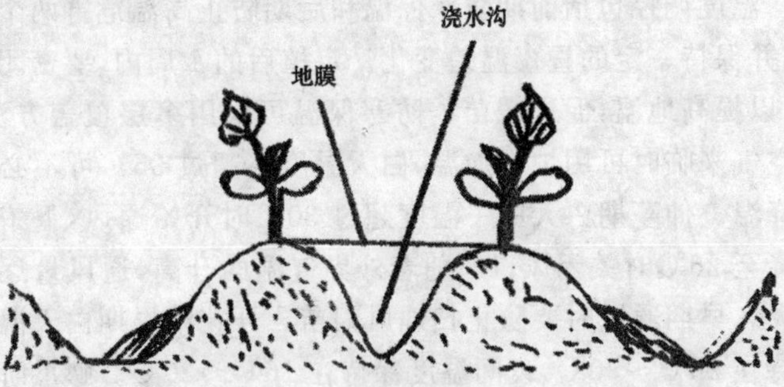

图7 膜下暗灌示意图

67. 西瓜浇水的原则是什么？

西瓜播种前营养钵应浇透水，出苗后尽量不浇水，幼苗期浇水宜少。幼苗在比较干旱的条件下生长，有利于根系的发育。如果土壤较干、出现缺水现象时，可以用喷壶点浇。移栽的瓜苗应在3～4天后再浇缓苗水，以促进缓苗和幼苗生长。定植期要适量浇水，是先定植后浇水还是先浇水后定植因土壤类型而定。沙土地适合先定植后浇水，这种浇水方式还因各地的习惯而异。伸蔓期植株需水量增加，如果出现干旱时，浇水量不宜过大，采用小水缓浇，以浸润根部土壤为宜。浇水最好在上午进行。结果期植株需水量最大，在幼瓜膨大阶段，即当80%以上的幼瓜长到鸡蛋大小时，要浇膨瓜水，以后要保持土壤湿润，满足膨瓜阶段果实对水的需求。采收前7～10天停止浇水。膨瓜期浇水要结合追肥。采取畦灌浇水时应注意两点：一是浇水要在晴天上午；二是浇水后应注意通风，防止因棚内湿度过大造成炭疽病等病害的危害。

68. 西瓜膨瓜期怎样浇水?

西瓜的膨瓜期是整个生育期需水量最大的阶段。这一时期浇水是否合理,将直接影响西瓜果实的产量和品质。浇水的要求有五点:一是要经常保持土壤湿润,即手握成团,落地即散;二是每次浇水量不宜过大,忌大水漫灌;三是每次浇水最好在上午进行,因为晴天中午地温高浇水易伤根,下午浇水易使瓜秧发病;四是阴雨天气不宜浇水;五是采收前1周不宜浇水,这样有利于西瓜含糖量的提高。

69. 西瓜如何进行整枝?

西瓜整枝方式有单蔓整枝、双蔓整枝、三蔓整枝和多蔓整枝等。在生产上,常因品种、栽植密度、生产方式不同而整枝方式不同。一般三蔓整枝多用于稀植、大中果型品种,密度为每667平方米800株左右;单蔓及双蔓整枝常用于小果型品种密植上架栽培,密度为每667平方米1 600株以上。西瓜整枝时间要适宜,过早会削弱植株长势,过晚则消耗养分,侧蔓长度达30厘米以上为适宜的整枝时期。早春早熟栽培如果以提早上市为目标,应采用一主两侧的三蔓整枝方式,如进行摘心,会延迟上市1周左右。整枝要在坐瓜前完成。各种整枝方式技术要点如下。

(1)单蔓式 西瓜抽蔓后,只保留主蔓,侧蔓一律摘除,每株只留一瓜。该方式适于小果型品种及密植早熟上架栽培。

(2)双蔓式 一是每株除保留主蔓外,在主蔓基部3~8节处选留一条健壮侧蔓,其他侧蔓全部摘除。主、侧蔓相距30厘米左右,平行向前伸展。一般在主蔓上留瓜,若主蔓未能留住瓜,也可在侧蔓上选留。二是瓜秧长到4~5片叶时摘心留两条侧蔓，一般用于小果型西瓜栽培可留两个采收期基本相同的瓜，有利于提高单位面积产量。

(3)三蔓式 除保留主蔓外，还在主蔓基部选留两条生长基本一致的侧蔓，其他侧蔓全部去掉。但一些生长势较弱的品种如苏蜜1号等，在西瓜坐住后再长出的侧蔓也可不去掉，以利于长大瓜。三蔓整枝叶蔓旺盛，营养面积大，坐果、选瓜机会多，果实可充分生长发育，适于大中果型品种。

(4)多蔓式 是在5～6片叶时摘心，促进侧蔓生长，保留3～5条长势相近的子蔓，最后留2～3个瓜。此种方法一般用于小型西瓜地爬栽培。

70. 西瓜疯秧的症状、发生原因及控制方法有哪些？

(1)症状 疯秧是指西瓜幼苗或植株生长过于旺盛，出现徒长，表现为节间伸长。叶柄和叶身变长，叶色淡绿，叶质较薄，组织柔嫩。在苗期至坐果前均能发生。在坐果期表现茎粗，叶大色深，生长点上翘，侧枝多，不易坐果。在日光温室、大棚栽培温度管理不当时更易发生。疯秧对低温适应性较差，容易发生冻害，影响结果导致减产。

(2)发生原因 在高温、高湿、光照不足的条件下很容易发生。氮素营养过高，促进茎叶生长，营养生长与生殖生长失调，坐果困难，空秧率增加，导致了植株旺长。

(3)防治措施 ①控制基肥的施用量，前期少施氮肥，注意磷、钾肥的配合，是防止疯秧的最根本措施。②苗床或大棚栽培时温度应采取分段管理，适时通风、排湿，增加光照，避免温度过高，应用大温差管理，降低夜温。③已造成疯秧的植株，可适当整枝、打顶以抑制其营养生长。如果全园徒长，则可采取去强留弱的整枝方法或部分断根的手段控制营养生长，并采取人工辅助授粉，促进坐果，使生长中心迅速转移至果实生长。④在浇膨瓜水之前1～2天喷施缩节胺，可有效控制疯秧，使瓜蔓壮而不旺。

71. 怎样进行人工授粉？

西瓜属异花授粉植物，在保护地生产条件下，昆虫活动很少，没有天然的传粉媒介，因此必须进行人工授粉才能保证结果。

(1)授粉时间 西瓜属半日花，开放时间是在上午，因此授粉时间必须选择在上午。一般在早上8时后雌花开放时进行，阴天在9～11时进行，前一天晚上温度高可适当提前。

(2)雌雄花选择 授粉需选择当日开放的雌雄花。要求雌花的花蕾发育好、个体大、生长旺盛，雄花植株健康无病、充分成熟、花粉量大。

(3)授粉方法 摘下当天开放的雄花，去掉花瓣或后翻花瓣使雄蕊露出，将花药在雌花的柱头上轻轻涂抹即可。每朵雄花可涂1～2朵雌花。还可用松散的毛笔在开放的雄花花药上蘸取花粉，再轻轻地涂于雌花柱头上。露地西瓜遇到阴雨天，应在开花前一天傍晚用纸帽将雄花和雌花套住，授粉后换一干纸帽重新套住雌花。授粉时间宜早，一般应在雌花开放后2～3小时授粉结束。

(4)授粉注意事项 ①早上授粉时要看雄花花药是否打开，即用雄花柱头在手背上轻擦一下看有无花粉(黄色颗粒)。如有可进行授粉，如没有应再等一会儿，或采下部分雄花到棚外稍放一会儿即有花粉出现，此时再进行授粉。②用雄花涂抹雌花时注意不可碰伤柱头。要涂抹均匀，以免出现偏头瓜。

72. 怎样辨别西瓜雌花能否坐住瓜？

无论采取人工授粉还是昆虫自然授粉，都不可能达到100%的坐瓜率。辨别西瓜的雌花能否坐住瓜，对于及时、准确地选瓜、留瓜，提高坐瓜率，非常重要。辨别雌花能否坐住瓜，主要依据以下几点。

(1)根据雌花着生部位、距离所在的瓜蔓生长点的远近辨别 当雌花开放时，从雌花到瓜蔓顶端距离为30～40厘米时，一般都能坐住瓜，此距离超过60厘米或小于15厘米时，一般都坐不住瓜。在同一瓜蔓上已坐住一个瓜，则该瓜前边的雌花一般都坐不住瓜。

(2)根据雌花形态特征辨别 早熟西瓜品种雌花的子房一般呈圆形(少数也呈长圆形)，绒毛少，果柄粗而长，花瓣较大，这样的雌花容易坐瓜。果形椭圆的西瓜(多数为中晚熟品种)子房呈长圆形，绒毛多。果柄粗而长、密生绒毛，花瓣大的雌花容易坐瓜，并且瓜个大，品质好；反之，果柄细短，子房较小呈圆形，绒毛稀疏，花瓣小的雌花不易坐瓜，即使坐住瓜，也是瓜个小，品质差，产量低。

(3)根据植株生长状况辨别 植株生长过旺或过弱时，都不容易坐瓜。当生长过旺时，蔓叶的生长成为生长中心，使营养物质都集中到营养生长方面，严重地影响西瓜的生殖生长，其表现是节间变长，叶柄细而长，雌花出现延迟，不易坐瓜。当生长过弱时，蔓细叶小，叶柄细而短，叶色暗淡，雌花出现过早，子房纤小而形圆，易萎缩而化瓜。

(4)根据子房发育速度辨别 能正常坐瓜的子房，经授粉和受精后发育很快，授粉后2～3天果柄即伸长并弯曲，子房明显膨大。如果开花后子房发育缓慢，色泽暗淡，果柄细短，这样的瓜胎就很难坐住，应及时另选适当的雌花坐瓜。

(5)根据肥水供应情况辨别 在雌花开放前后，肥水控得适当，就容易坐瓜；如果肥水过于充足或严重不足，都能造成化瓜。

73. 西瓜开花期容易出现的异常现象及预防措施有哪些？

(1)异常现象

①植株徒长 伸蔓至开花坐果期氮肥施用过多，田间湿度大，营养生长与生殖生长不协调，造成徒长。

②蔓叶衰弱 由于西瓜开花坐果期遇到干旱、脱肥，植株营养不良，肥水严重不足等原因，造成植株瘦弱，叶片单薄，子房瘦小，整个植株未老先衰。

③不坐果 西瓜开花坐果期出现落花落果现象。原因是：西瓜花期肥水过多，使植株营养失调，茎叶徒长，造成落花或化瓜；植株生长瘦弱，子房瘦小或发育不良也会降低坐瓜率；花期喷杀虫剂，特别是喷菊酯类杀虫剂，杀死害虫的同时也减少了授粉昆虫的群体数量，影响了昆虫传粉，降低了坐瓜率；开花期遇低温高湿等不良气候，影响坐果。

(2)预防措施

①合理施肥、灌水 施肥以“前促、中控、后重”为原则。施足基肥，定植后施少量氮肥促进伸蔓。伸蔓期到开花期要控肥控水，坐果后重施肥水。后期可喷一些叶面肥。

②人工授粉 花期遇低温阴雨天气时，需进行人工授粉。可以借助耐低温早熟品种的花粉进行人工授粉。

③科学整枝留瓜 改进整枝技术，根据种植密度合理选留侧蔓。一般留 2～3 条蔓，侧蔓多可增加雌花数量，有选择

授粉留瓜的余地。也可强整枝,控制徒长。

④合理选择杀虫药剂　花期防治病虫害时注意选择适当的药剂,尽量减少对传粉昆虫的伤害。

74. 西瓜雌花少、坐瓜难的原因及预防措施是什么?

(1)西瓜雌花少、坐瓜难的原因　主要有以下几点。

其一,由于气候异常,栽培中管理不当,致使西瓜植株上形成雌花较少,严重的植株上没有雌花形成,出现坐瓜少的现象,多发生在生长势较强的品种或中大果型品种。

其二,西瓜是喜光作物,若出现低温、寡照会造成植株器官发育不良,不能充分进行光合作用,茎叶生长不充实,体内同化产物积累少,影响了雌花的分化,虽然有形成的雌花,但质量下降,坐瓜后多化瓜或畸形。

其三,土壤湿度过大是雌花少、化瓜的主要原因。土壤水分过多易引起徒长,花芽分化延缓,尤其是推迟雌花的形成,减少雌花数量,不易坐瓜并容易落花落果。

其四,氮肥施用过多,导致植株营养生长过旺,叶片、节间变长,生殖生长受到抑制,雌雄花难以形成。由于茎叶生长消耗大量养分,供给花果的养分相对减少,幼瓜会因为营养不足而脱落,这是雌花形成少或化瓜的主要原因。

其五,西瓜的第一雌花形成是在第三片真叶露心时就开始了,到第五片真叶时第二雌花就开始分化了。试验表明,苗期较低的温度有利于花芽分化,可增加雌花比例,因此要注意控制温度以培育壮苗,避免形成高脚苗和弱苗。西瓜开花适宜温度是25℃,最低界限为18℃,否则坐果率低且易产生畸形果。

(2)预防措施　主要有以下五点：

一是培育壮苗。培育嫁接苗要选择8～10厘米直径的营养钵，这有利于瓜苗根系的发育和地上部的生长和通风透光。育苗棚在具备保温好、可加温的基础上，还应具备可通风换气、透光性强的优点。棚室建造角度合理，有利于增加日照时数。瓜苗3～4片叶定植。

二是从西瓜伸蔓期到开花坐果期注意控水控肥。确实干旱可浇小水，也可追施偏肥，促进弱苗生长，但避免因肥水过量造成植株徒长而影响开花结果。

三是注意氮、磷、钾元素配合施用。试验结果表明，西瓜对氮、磷、钾需求量的比例为3.28∶1∶4.33。磷肥可全部底施；氮、钾肥可50%底施，50%作为追肥施入。

四是通过人工授粉或使用坐瓜灵蘸花提高坐瓜率。

五是合理密植。每667平方米株数：大果型西瓜600株左右（三蔓整枝），中果型西瓜750株左右（三蔓整枝），小果型西瓜地爬600株左右（四蔓整枝）、上架栽培1 600株左右（双蔓整枝）。

75. 西瓜为什么会空秧？怎样预防？

(1)西瓜空秧的原因

①花期气温不适　西瓜开花坐果期适宜温度为25℃～30℃，最低日平均温度为20℃～21℃，不适的气温条件会严重影响西瓜授粉结实。在气温超过35℃的高温下，随着温度增高，花粉粒的功能逐渐下降。如遇到40℃高温2小时，花粉粒的萌发力和花粉管伸长显著下降。由于花粉粒寿命短，引起受精障碍。这样落花就多，即使结果也多是畸形。当子房发育及开花期气温低于18℃时，形成的果实多数呈扁圆形

畸形，皮厚、空心，含糖量低。

②花期阴雨天多　西瓜开花期遇阴雨天气，影响着正常授粉，尤其阴雨天持续时间长更难坐瓜。阴雨天多，子房及花器的发育受到影响，加之雨水极易冲去雌花柱头上的花粉或使花粉破裂失去发芽能力，难以完成受精过程。

③营养生长与生殖生长失调　整枝和留蔓不合理，种植密度过大，瓜田郁闭，通风透光差；或者植株长势弱，授粉受精不良，都是造成落花或化瓜的原因。

④花期低温或喷药　西瓜开花期间，如果气温较低或田间追肥浇水和喷洒农药，引起田间小气候的变化，影响了昆虫传粉，也会降低坐果率。

⑤风害和日灼　风害和强烈的阳光灼伤，也是影响坐果率的因素之一。

(2)预防对策

①剪断主蔓，利用侧蔓结果　当发现瓜田植株生长势旺盛、呈徒长现象时，可以将主蔓留 5～10 片叶剪断，利用侧蔓结瓜。

②现雌掐尖　雌花现蕾后，瓜前留 2 片叶掐去顶尖，除去多余侧蔓，使养分集中供给雌花发育。

③人工授粉　西瓜是虫媒花，如果昆虫少会影响授粉。因此，采取人工授粉是提高坐瓜率的重要措施。具体方法参见人工授粉部分。

④重压蔓　生茬地采用自根苗栽培时，当发现瓜蔓疯长难坐瓜时，在瓜后 2 节、瓜前 2 节分别挖坑压蔓，减少养分向生长点输送，可以控制徒长，促进坐瓜。

⑤轻捏茎　在瓜前 1 节，轻轻把茎捏扁，削弱先端优势，使养分集中供应幼瓜，即所谓“前头咔叭，后头坐瓜”。

76. 如何确定适宜的留瓜节位？

对于中早熟品种，在选留西瓜时一般保留主蔓第三个雌花授粉坐瓜，或者是侧蔓第二个雌花授粉坐瓜，此时植株第三个雌花前约有16片叶，侧蔓第二雌花前也有大约10片叶，叶面积可保证西瓜果实正常生长和膨大。坐果节位过低，果型不正，易出现空心现象。坐果节位过高，果型变小，影响产量和上市时间。当植株长势较弱时，叶面积小，此时坐瓜影响产量，可施偏肥，并适当推迟坐瓜。

77. 西瓜落花落果的原因及提高坐果率的措施有哪些？

西瓜在开花坐果期和果实发育期对温度、湿度、光照等条件的要求较为严格。在适温条件下，西瓜坐果期为4～6天。此期间若环境条件不适宜，极易引起落花落果，严重影响产量和栽培效益，成为西瓜生产的主要障碍。

(1)落花落果的原因

①*没有完成授粉受精*　西瓜为雌雄异花、虫媒花作物。如果在开花期遇到低温、阴雨等不利条件，就会影响正常的授粉受精，引起落果。

②*水分不足*　开花结果期如水分不足，会导致雌花子房发育受阻，也影响坐瓜。

③*光照不足*　西瓜喜光，为强光照作物，若遇低温寡照，器官发育不良，植株长势减弱，易引起化瓜。

④*偏施氮肥*　西瓜生长期，尤其是开花结果期，施氮肥偏多，引起营养生长过盛，生殖生长受到抑制，花、果会由于营养不足而脱落。

⑤温湿度过高　这易导致植株生长过旺，出现疯长现象而落花落果。

⑥密度过大及不适宜的间套作　西瓜栽植密度过大或与高秆作物套种时行距偏小，造成田间郁闭、通风透光不良，营养生长过盛，影响生殖生长，引起落花落果。

(2)提高坐果率的措施

①合理密植　不同品种每667平方米的适宜栽植株数分别为：早熟品种800～1 000株，中晚熟品种500～800株。间作套种时要适当加大行距。保护地栽培密度以互不遮光为宜。

②协调营养生长与生殖生长的关系　依西瓜需肥规律进行配比施肥，不可偏施氮肥。开花结果期适当控制肥水，及时整枝打杈，控制瓜秧旺长。若出现疯秧，应及时采用扭伤茎蔓顶端、掐茎的方法保瓜。掐茎即在幼瓜的茎蔓上用力一掐，力度以听到“喀叭”声为准，这样幼瓜十有八九坐得住。若植株生长较弱，子房瘦小，可进行根部追肥，增强长势，促进开花坐果。

③调节好温湿度与光照　西瓜开花坐果期适宜温度为25℃～30℃，低限为18℃，超出此范围则坐果率低且易产生畸形果。西瓜是喜光作物，因而要增加光照。在保护地覆盖栽培中，在温度条件允许的情况下，应尽可能将棚膜掀开或减少其他覆盖物，采用无滴膜或清除棚膜雾滴。总体上看，西瓜喜光、喜温，但不宜高湿，保护地栽培时要注意调节。

④辅助授粉　西瓜经人工辅助授粉，坐果率可提高，增加产量10%～15%。具体方法参照人工授粉部分。

⑤药剂防治　在开花坐果期可施用20毫克/升的防落素或20毫克/升的α-萘乙酸，可提高坐果率，并促进果实生长。

在西瓜核桃般大小时，用 20～30 毫克/升的赤霉素喷施或用毛笔蘸涂幼瓜，具有明显的保瓜增重作用。配制方法是：先称取 1 克赤霉素溶解在 50 毫升的酒精中，然后对水 40 升，配制成 25 毫克/升的水溶液。

78. 影响棚室西瓜膨大的因素及防止对策有哪些？

(1)影响因素

①水肥管理不当，生长生理失调　主要是浇水和追肥过早、施氮肥偏多，营养生长势头过强，西瓜膨大受到抑制。膨大期土壤过分干燥、坐瓜过多，使得营养生长不良或过于分散，造成西瓜发育不全。磷、钾肥不足，尤其是西瓜膨大期缺乏钾肥，会严重影响西瓜的正常膨大和植株的正常生长。

②气温变化过大，田间管理不当　由于天气的原因，造成不能正常膨大的现象也非常普遍，尤其是早春大棚栽培表现较为突出。西瓜生长发育的适宜温度以 15℃～35℃、26℃～30℃为最好，低于 15℃或高于 40℃就会发生生育障碍。大棚内气温骤变、昼夜温差超过 15℃，或田间管理时频繁移动瓜蔓、幼瓜表面茸毛脱落、根和蔓受损伤及养分运输不畅，也会造成西瓜脱落或不能正常膨大。

③坐瓜节位不当，正常膨大受阻　坐瓜节位过于靠前或靠后，也是影响果实正常膨大的重要因素。尤其是有些品种雌花形成能力较弱，留瓜时较难把握，很容易造成结果部位靠后，膨大时得不到充足营养。

④病虫害发生较重，生长发育受阻　田间病虫害发生严重时，就会造成西瓜植株正常的生长发育受阻，营养运输受到抑制，使其不能正常膨大或受害脱落。

(2)防止对策

①施足底肥及时追肥，保证水分供应　西瓜植株开花坐果后，果实进入膨大期，此时是全生育期对养分和水分需求量最多的时期，在肥料的施用上首先要施足底肥，每667平方米要保证施农家肥6立方米以上、尿素15～20千克、磷酸二铵20～25千克、硫酸钾20～25千克。当中果型西瓜长到碗口大小、小果型西瓜长到鸡蛋大小时追施尿素20～25千克、硫酸钾10～15千克。膨瓜期水分供应原则是保持土壤湿润，有条件采用滴灌最好。如果浇明水，不要使土壤忽干忽湿，避免出现畸形瓜，影响果实膨大。

②采取措施调节温度　膨瓜期适宜温度白天为26℃～30℃，夜间为18℃～20℃。要保持较理想的温度需采取以下措施：一是全田覆地膜提高地温，降低棚内湿度，还有利于防病；二是根据需要开闭通风口；三是要做到勤观察、勤动手。勤观察就是勤看温度变化和植株变化情况，勤动手是及时开闭通风口来保持所需温度。

③控制坐瓜节位和坐瓜数量　中果型西瓜适宜留瓜节位是主蔓第三雌花或侧蔓第二雌花，选留1个瓜。小果型西瓜适宜坐瓜节位是第三或第四雌花，每株留瓜数量根据地爬、上架栽培而异。如地爬种植，每667平方米600株，每株可留3～4个瓜；如上架种植，每667平方米1 600～2 200株，每株可留1～2个瓜。

④加强病虫害防治　连作地块采用嫁接换根技术防治枯萎病并能有效提高单瓜重。注意控制炭疽病，主要是通过采用晴天上午浇水并及时通风排湿，减少该病发生的机会。点、片发病及时进行药剂防治。虫害主要是蚜虫，要勤观察，如果发现点、片有虫害发生，需及时细致喷药，并在喷药后2～3天

观察药效，确定下一步防治方案。

79. 早春拱棚西瓜膨瓜慢的原因及预防对策有哪些？

早春拱棚西瓜一般较露地西瓜定植期提早10～30天，在膨瓜期常常由于气候原因或管理不当而出现膨大缓慢现象，一旦发生，要及时查明原因，对症防治。

(1)西瓜膨大慢的原因

①低温的影响　幼瓜褪毛前是果实内细胞分裂的时期，此时温度过低会使细胞分裂速度变慢甚至停止，使瓜内没有足够的细胞数量；幼瓜褪毛以后是果实内细胞膨大的时期，此时温度过低会使细胞的膨大速度变慢，膨大程度不够，从而影响果实的膨大速度，并最终影响果实的大小。

②土壤干旱缺水　西瓜进入膨瓜期后，需要吸收大量的水分，如果土壤水分不足，幼瓜会因得不到充足的水分从而使生长受到抑制，如果干旱时间过长，会引起组织老化而停止发育，形成僵瓜。

③瓜秧生长过旺　由于品种生长势太强或膨瓜前水肥供应过盛，引起植株营养生长过旺，营养生长消耗了过多的营养，使幼瓜得不到足够的营养供应，生长受到抑制，瓜虽不脱落，但却膨大缓慢甚至无法继续膨大。

④瓜秧生长太弱　植株营养生长太弱，功能叶面积太小，叶片光合作用制造的养分少，果实生长需要营养供应不足，造成西瓜膨大缓慢。

⑤病虫害、机械损伤等　瓜秧受到病虫害或碰伤、踩伤、冰雹袭击等机械损伤时，会使瓜秧的有效叶面积减小，光合作用减弱，或使根系变弱，根吸收能力降低，不能为幼瓜生长提

供足够的养分，使瓜膨大缓慢甚至无法继续膨大。

(2)预防对策

①适时播种育苗　根据当地气候特点及拱棚设施保温情况，合理安排播种期，使瓜膨大时棚内夜间温度保持在16℃～18℃，以满足膨瓜需要。

②抓好先控后促的水分调控　开花坐果前以控为主，尽量少浇或不浇水，当瓜 80％长到鸡蛋大小时，要保持土壤湿润，满足西瓜膨大所需的水分。

③适时追肥促瓜膨大　西瓜膨大期每 667 平方米追施硫酸钾 10～15 千克，尿素 20～30 千克。

④抑制瓜秧徒长　因瓜秧徒长造成的幼瓜生长缓慢，要采取摘心、抹杈或叶面喷洒矮壮素等办法，抑制瓜秧徒长。

⑤防止株体受伤　及时防治病虫害，尽量避免机械损伤。

80. 膨瓜期为什么要翻瓜？怎样翻瓜？

西瓜的膨瓜期依不同品种的熟性差异由 20 多天至 30 多天不等。在坐瓜时因受瓜秧、地形的影响，瓜着地的情形各有不同，如果任其生长，则会出现很大比例的畸形瓜、阴阳脸瓜(着地一侧瓜皮呈黄白色且甜度明显低于向阳面)，严重影响西瓜的商品性和经济效益。

翻瓜在整个膨瓜期要进行 2～3 次。每次翻瓜都要在下午日落前进行，以免扭断瓜、碰坏秧。第一次翻瓜应在瓜长到 1～2 千克时，将瓜尽可能放到地较平整、地势稍高的位置。第二次翻瓜应在膨瓜的中后期，这时瓜已长到 3～4 千克。此次翻瓜目的有 2 个：一是调整瓜着地的位置，使瓜形长正；二是通过翻瓜把着地一侧的瓜皮翻上来，以见光变绿。第三次翻瓜在膨瓜后期，是个别调整，把瓜皮颜色不一致的西瓜再翻转一下。通过3次翻瓜，西瓜应整齐周正，皮色漂亮一致。

81. 西瓜裂瓜的原因是什么？

裂瓜是由于瓜皮因发育缓慢逐渐变硬，而瓜瓤的发育却仍在旺盛阶段，如若再加上久旱遇雨或灌水量或多或少，或者在瓜的发育前期肥水不足而瓜的发育后期肥水供应又过足时，均易导致裂瓜。也可能是由于膨瓜期温度低，瓜皮和瓜瓤发育速度不均衡所致。

82. 西瓜倒瓤的原因与预防对策是什么？

西瓜倒瓤是指瓜瓤质地变软、沙性或脆性消失，瓤色变暗的现象。一般在种子密集处及种子周围首先出现症状。严重时瓜瓤具有酸败味，失去商品价值。8～9月份容易发生。

(1)发生原因

①与品种特性有关　一般沙瓤瓜及瓜瓤质地疏松的品种易发生倒瓤现象。瓜瓤质地较脆硬的品种，倒瓤现象较少，倒瓤程度也较轻。

②成熟期温度过高　成熟期遇到高温，种子成熟快，瓜自身呼吸消耗养分较多。同时，由于温度较高，叶片蒸腾量加大，易引起果实内水分大量回流，从而导致倒瓤早而快。

③暴雨引起田间积水　暴雨引起田间积水，土壤中氧气不足，根系呼吸不良，根吸收水分能力下降，引起果实内水分大量回流而发生倒瓤。在暴雨引起田间积水后，天气骤然转晴时发生尤为严重。

④植物生长调节剂催熟引起　用乙烯利等植物生长调节剂催熟的西瓜，因成熟期提前而易发生倒瓤现象。

⑤病虫危害引起　叶片、瓜秧及根系在遭受病虫危害后，

制造养分和吸收水分的能力下降，引起瓜内养分和水分的倒流而发生倒瓤。

⑥机械损伤引起　在西瓜受到挤压、碰撞后，受伤部位呼吸作用增强，营养消耗增多，易出现倒瓤现象。

⑦采收过晚　采收过晚，瓜成熟过度，容易发生倒瓤现象。

(2)预防对策　①选用瓜瓤质地脆硬的品种。②瓜成熟期温度不宜过高，尤其不要使温度超过40℃。收瓜应在低温的清晨或傍晚进行，避免中午高温期采收。③选择地势高燥，旱能浇、涝能排的地块种植西瓜。田间整好排水沟，雨后及时排水，防止田间积水。④尽量不用乙烯利等催熟。⑤及时防治病虫害。⑥尽量避免机械损伤。⑦适时采收。西瓜品质以十成熟最佳，但不耐贮运，易造成过熟而倒瓤。采收过早又对品质影响极大。合理的采收标准是：长途运输销售的一般以八成熟为好，短途运输销售的以九成熟为好，就地销售的以十成熟最佳。

83. 西瓜果实畸变有哪些类型？如何防治？

(1)果实畸变的种类

①畸形果　是指西瓜果实在发育过程中出现的扁平果、偏头果、宽肩厚皮果、尖嘴果、大肚果等多种畸形果。形成原因可能有以下几点。

一是与品种有关。无籽或少籽品种易出现扁平果、偏头果，大果型品种易出现宽肩厚皮果。

二是不良气候所致。果实发育前期遇到不良的气候，如低温、干旱、光照不足，后期条件改善易形成扁平果、葫芦果或大肚果。若果实发育前期气候适宜，后期低温、干燥，往往形成尖嘴果。

三是授粉不良。凡是授粉不良或花粉量少、花粉在柱头上分布不均匀等,都会影响果实种子的形成与发育。所以,凡是种子发育较好且种子较多的部分,瓜瓤的发育迅速,瓜面膨大,瓤质疏脆,甜度也较高;凡是种子发育不良或种子很少的部分,瓜瓤发育就慢,瓜面不膨大,瓜瓤坚实,甜度也低,形成偏头果。

四是坐果节位选择不当。圆果形品种坐果节位低,果实膨大期气温较低易形成扁形果。长果形品种坐果节位远,肥水不足时易形成葫芦果。

五是肥水供应不当。在果实膨大前期肥水供应不足,后期水肥条件改善,就会形成大肚果、葫芦果。当前期肥水条件充足,后期脱肥脱水,就会形成尖嘴果。果实局部温差偏大,或局部受到伤害等,也会形成畸形果。

②空心果　空心就是瓜中心出现裂缝或空洞。西瓜膨大后期水分供应不足会发生空心。西瓜生长发育前期低温、干旱、光照不足,后期高温、雨水过多、生长不均衡,也会发生空心。此外,留瓜节位过低或过高,采收过晚,都会发生空心。空心与品种关系密切。

③死瓤　瓜瓤内种子周围呈现水浸状紫红色或暗红色,瓜瓤溃烂,肉软味差,无法食用。主要是成熟果实受到高温高湿或阳光的直射所致。采收过晚也会造成死瓤。

(2)防治措施　①加强肥水管理,使植株生长健壮。②花期要控肥控水,进行人工授粉。③后期喷施叶面肥,做到大量元素和微量元素配合施用。④合理留瓜选瓜和整枝理蔓。⑤果实膨大期翻瓜,将瓜放置端正,在底面铺上稻草等衬垫物。⑥果实应有叶片遮盖,避免阳光直接曝晒。若叶片不够可用杂草等遮盖。⑦做好果实膨大期的病虫防治工作，并适时采收。

84. 影响西瓜果实含糖量的因素有哪些?

影响西瓜果实含糖量的因素很多，影响较大的有土壤、光照、养分、叶面积、病虫害等。沙土、砂壤土有利于果实含糖量增加且口感好。果实发育期白天温度高有利于光合作用，夜间低温可减少呼吸消耗，有利于干物质积累，因此昼夜温差大则西瓜品质都比较好。糖分的生成需要靠光合作用，光照强度大、光照时间长，产生的营养物质也相应增加，因此叶面积多少决定着干物质的产量，如果整枝过度或受病虫危害使叶面积系数降低，则会减少糖分的积累。光合产物需要氮、磷、钾等营养元素组成，缺少时同样会限制糖分的积累。

85. 提高西瓜含糖量的主要措施是什么?

增加西瓜含糖量主要靠选择优良品种、选择土壤、昼夜温差、配方施肥等措施。另外还可因地制宜选用以下方法。

(1)施肥增甜 基肥要多施腐熟农家肥，如厩肥、鸡粪、土杂肥等。农民的经验是施鸡粪的瓜格外甜，施饼肥的西瓜沙瓤，施钾肥的西瓜也甜。采用生物菌肥如肥力高、生物钾等，与农家肥按 1∶100～200 的比例混用，进行穴施，效果很好。坐瓜后喷施 100 倍液肥力高 1～2 次，效果也很好。

(2)涂抹赤霉素 在雌花盛开到瓜重 0.5 千克这段时间，用毛笔蘸取 20～30 毫克/升的赤霉素溶液，顺着瓜生长方向，轻轻涂抹瓜柄 3 次，含糖量可提高 5%～10%。

(3)喷施稀土溶液 苗期每 667 平方米用 100 毫克/升稀土溶液 40 升，花期和幼果期每 667 平方米用 300 毫克/升稀土溶液 50 升，均匀喷施 3 次，可使西瓜含糖量增加 2.5%；叶片增大，叶色变深，增产 10%以上，并增加耐贮性。

(4)喷施增甜液 用水 50 升，加入 30 克硼砂、5 克氯化钙、1 千克蔗糖配成增甜液，在西瓜果实生长的中后期叶面喷洒，每 667 平方米喷 30～40 升，可增加含糖量 1°，提高适口性。另外，还可以喷施甜叶菊、增糖剂、增糖灵、助壮素、西瓜灵等来增加甜度。

86. 二次结瓜技术要点是什么？

二次结瓜的方法主要有新蔓留瓜和割蔓再生留瓜。新蔓留瓜就是当果实膨大结束时，主侧蔓顶端又会发出新梢，利用新梢上的雌花坐果，特点是方法简便，果型偏小。割蔓再生是在头茬瓜采收后，距根部 40～50 厘米处剪去老蔓，利用萌发的新蔓坐瓜，特点是生长迅速，瓜型较大。技术要点如下。

一是头茬瓜应提早栽培，利用当时的气候条件促进生长。北京地区设施保护地栽培应在 6 月上旬以前割蔓。

二是保护好根系。头茬瓜膨瓜肥分期施用，维持植株生长势，并清除杂草，做好病虫害防治工作。

三是头茬瓜采收后，追施一次速效氮肥，每 667 平方米施 10 千克尿素，同时浇水，促进新蔓生长。

四是割蔓再生一般萌发新梢较多，应及时整枝和选留幼瓜，促进养分集中。

87. 塑料大棚夏播西瓜高产、稳产的关键措施有哪些？

塑料大棚夏播西瓜是指 5 月底 6 月初播种、8 月中下旬采收的西瓜。整个生长期处于高温季节，病虫害严重，栽培难度大，产量不稳定。栽培技术要点如下。

(1)品种选择 夏播西瓜要求选择抗病性强、生长势较强、耐高温高湿、丰产优质的西瓜品种，如中果型的京欣一号，小果型的黑小凤、小神童、黑珍珠等。

(2)土地选择 瓜田应选择地势较高、灌排方便的砂壤土质地块。采用高畦或高垄栽培，以利于排水。也可覆盖银灰色地膜，以驱避蚜虫。肥料施用参照春季保护地栽培。

(3)嫁接育苗、小苗定植 播种期在5月底6月初，采用靠接方式嫁接。苗龄20～25天，以具有1～2片真叶为宜。

(4)肥水管理 塑料大棚夏播西瓜植株生长迅速，生育期短，开花坐果前应控制肥水，以防徒长。对弱苗要施偏肥。坐果后施速效化肥促进果实膨大，一般每667平方米追施尿素20～25千克、硫酸钾10千克。由于西瓜生长期处于高温季节，要根据天气情况和土壤水分状况及时浇水。

(5)促进坐瓜，铺草护瓜 通过人工辅助授粉提高坐瓜率。当中果型品种的幼瓜长至碗口大小时，要将瓜下方的土地整平，将瓜摆正以免影响果型。15天后，在瓜下铺一层麦秸或草圈，防止病虫害的发生。后期在瓜面上盖草，防止高温灼伤瓜皮。

88. 塑料大棚秋西瓜栽培的关键技术有哪些？

塑料大棚秋西瓜是指6月下旬播种、7月中旬定植、秋季收获的西瓜，主要供应中秋节和国庆节期间的市场。主要栽培技术要点如下。

(1)育苗或直播 北京地区嫁接栽培播种期在6月下旬，直播在7月上旬。播种前要扣好棚膜，以防雨水引发病害。

(2)覆盖银灰色地膜 在瓜垄上覆盖银灰色地膜。此种地膜具有透明膜保墒、防雨等作用，还可驱避蚜虫、减少病毒病的传播和发生。

(3)合理密植 中果型西瓜每667平方米留750株左右，小果型西瓜每667平方米留1600～2200株。

(4)整枝留蔓、人工授粉 秋西瓜前期生长温度高，易徒长，应及时整枝。中果型西瓜一般采用三蔓整枝，主蔓第三个雌花留瓜、侧蔓第二个雌花留瓜，每株留1个瓜。小果型西瓜采取双蔓整枝，上架栽培每株留1～2个瓜。一般坐瓜时间应在8月中下旬，因后期温度低、光照时间短，坐瓜过迟不易成熟。进行人工授粉可提高坐果率，具体方法参照人工授粉部分。

(5)膨瓜期加强保温 进入9月份后外界天气转凉，夜间温度偏低，应放下围子并关闭通风口。白天视温度情况适度通风，使温度保持在26℃～30℃；夜间保持在16℃～20℃。

(6)病虫害防治 秋西瓜生长期高温高湿，病虫害发生较快，应勤检查，早防治。

89. 怎样确保秋播西瓜如期成熟?

北方地区秋播西瓜种植主要是供应国庆节期间大城市市场，确保在国庆节西瓜成熟就是栽培的技术关键。秋季栽培由于整个生育期温度较高、光照较充足，所以西瓜全生育期比早春设施栽培短25～30天。另外，在品种选用、栽培管理上也有所不同。归纳起来有5点措施可确保秋播瓜如期成熟。

其一，选用中早熟品种，如京欣类的中果型瓜和早春红玉类的小果型瓜。无籽类的晚熟品种一般难以如期成熟。

其二，适时播种。采用直播方式应在7月上旬播种，采用嫁接育苗方式应在6月下旬播种。嫁接方式以采用靠接为宜。

其三，利用塑料大棚栽培能有效预防病毒病等病的危害，增强稳产性。

其四，前期注意控秧，适时留瓜。秋季西瓜栽培从播种到开花坐果都处在高温季节，营养体长得较快容易形成旺苗、旺秧，给雌花发育和坐瓜造成困难。因此，底肥要减少氮肥施用量，控制浇水次数和浇水量，促进雌花发育，整枝方式与春季栽培基本相同。留瓜节位，中果型西瓜以主蔓第三个雌花、侧蔓第二个雌花为宜，小果型西瓜以第三或第四个雌花为宜。

其五，膨瓜期加强保温有利于高产、早熟。北方地区进入9月份外界早晚天气已转凉，而此时秋西瓜已进入膨瓜期，足够的温度是西瓜膨大、产量增加、及时成熟的基础。一般做法是将塑料大棚的围子拉起，棚两侧的门装好，早、晚关闭通风口。白天棚内温度达到30℃以上时适当通风。另外，膨瓜期保持土壤湿润，避免过旱，有利于长成圆润、皮薄、汁多、瓤脆的西瓜。

90. 西瓜大棚春季栽培和秋季栽培有何不同?

春季栽培外界气温由低到高，光照由弱到强，有利于西瓜的生长发育；而秋季栽培外界温度、湿度由高到低，光照由强渐弱，不利于西瓜生长发育，属于反季节栽培。故塑料大棚西瓜春季栽培和秋季栽培有5点不同。

(1)在品种选择上不同　春季栽培应选用耐低温、耐弱光、易坐瓜的品种。秋季栽培应选用较耐高温高湿、较抗病毒病等病害、易坐瓜的品种。

(2)嫁接育苗在嫁接方式的选用上不同　在嫁接方式选择上，春季可选择顶插接、劈接、贴接、靠接等方式。秋季栽培由于育苗期正处6月下旬至7月中旬的高温季节，如采用顶插接、贴接、断根嫁接方式，对技术要求较高，管理也比较费工，所以一般以采用靠接为宜。

(3)定植的适宜苗龄不同 在定植苗龄的确定上，春季栽培以三叶一心至四叶一心为宜。秋季栽培由于定植时正处于高温季节，为提高定植成活率，苗龄以一叶一心至二叶为宜。

(4)定植到膨瓜期的管理不同 春季栽培从定植到膨瓜期的管理是以保温增加光照为主。主要措施是通过采取在棚室内增加二层幕、拱棚等多层覆盖提高棚内小气候的温度，并通过白天揭去棚内的多层覆盖、日落后再盖好覆盖物来增加光照，从而创造较好的小气候条件，促使西瓜营养体的生长发育，达到早开花、早结瓜的目的。秋季栽培从定植到膨瓜期的管理是以降温、避雨管理为主。主要措施是定植前将大棚两侧围子落下，两侧的门打开争取更多的通风量，以此来降低棚温。棚膜的顶风口要关严，以防雨水进入淋到瓜秧上，引发病害。

(5)病虫害发生特点不同 春季栽培的害虫主要是蚜虫，危害时期主要是进入坐瓜期以后；病害主要是炭疽病，危害时期主要在进入膨瓜期以后。秋季栽培的害虫主要有蚜虫、潜叶蝇，危害时期主要在从育苗到开花坐瓜期；病害主要是病毒病，危害时期主要是从育苗到开花期。

91. 小型西瓜上架栽培容易出现的问题及高产高效栽培的关键技术是什么？

(1)容易出现的问题 ①小型西瓜对氮肥反应敏感，前期施氮肥过量易引起植株生长过旺而影响坐果；②种植密度偏稀；③用竹竿搭架时架形和绑蔓的位置和力度不合适，枝叶分布不均衡；④上架栽培果实悬于空中，容易坠落；⑤竹竿支架过于矮小，造成上部枝叶过密而影响叶片见光。

(2)高产高效栽培的关键技术

①施肥及种植方式　上架栽培增加了种植密度，对营养的需求量也相应增加，因此应较地爬式栽培增加底肥的施用量，一般按农家肥5～6立方米、西瓜专用肥50～60千克施入即可。

种植方式可分为单行和双行两种。单行种植按行距1米做成宽50～60厘米的小高畦，株距30～35厘米，畦中间种一行西瓜，每667平方米定植1800～2200株。双行种植按1.8米做宽60～70厘米的高畦，在畦两侧双行相嵌定植，有利于通风透光，株距35～40厘米，密度每667平方米1800～2200株。

②上架方式　最好采用尼龙绳或塑料绳做立杆，每根绳上缠绕一条蔓，适用于单行或双行定植。此上架方式的优点是利于通风透光，可通过放绳使秧、瓜整齐一致，便于管理，避免了用竹竿搭架植株疏密不均引起的通风透光不好的问题。

③双蔓整枝　小型西瓜上架栽培一般采用双蔓整枝，整枝方式以一主一侧法为宜，即保留主蔓及基部一条生长健壮的侧蔓。此法有利于早熟。另一种是在幼苗具有4～5片真叶时摘心，保留两条健壮长势相近的侧蔓，平行生长。该整枝方法有利于高产。

④上架　瓜蔓长至40～50厘米长时，开始引蔓上架。在上架前先将瓜蔓向一侧进行盘条后再上架。以后每隔4～5叶引蔓1次。

⑤人工授粉与留果　为控制坐瓜节位，提高坐果率，减少畸形瓜，必须进行人工辅助授粉。留果节位以主蔓第三至第

四雌花为宜，侧蔓以第二至第三雌花为宜。留瓜原则每株留1个，选优去劣。如果2个西瓜都具有生长潜力，位置合适，大小相当，可都留下。

⑥吊瓜　为防止西瓜坠落，当幼果长至0.5千克左右时进行吊瓜。一般用塑料网兜或白色塑料袋套上，固定在瓜架上即可。

⑦加强肥水管理　由于小型西瓜种植密度大，坐果数量较多，产量较高，需要的肥水量大，所以要及时浇水施肥。具体管理上，坐瓜前要控制肥水，防止徒长。坐瓜后要及时追施膨瓜肥并保持土壤湿润，促进果实迅速膨大。

92. 盆栽西瓜栽培的关键技术要点是什么？

盆栽西瓜作为一种特需栽培，集观赏性和食用性于一身，可用于节庆布展、家庭摆放，既能美化环境、烘托气氛，又可采摘食用，因此发展前景看好。盆栽西瓜栽培关键技术有以下几点。

(1)品种选择　盆栽西瓜选择品种时要考虑观赏性和食用性，同时还要考虑在特定的栽培条件下对农艺性状的要求，因此要选择适应性强、植株长势易控制的品种，如花皮品种新秀、京秀，黑皮品种黑小凤、小神童，黄皮品种黄晶一号、黄小福等小果型品种。

(2)砧木选择　应选亲合力强、抗逆性强、对西瓜品质影响较小的砧木，如航兴砧一号、京欣砧一号等。

(3)嫁接育苗

①按照需要确定播种期　北方地区如在5月25日至6月2日上市，采用顶插接法，砧木播种期在2月中旬，接穗播种期在2月下旬，嫁接期在3月初，定植期在3月底，坐瓜期

在4月底5月初；如在国庆节上市的，采用顶插接法，砧木播种期在7月上旬，接穗在砧木出苗第三天播种，嫁接期在7月下旬，定植期在8月中旬，坐瓜期在8月底9月初。

②技术要求　嫁接后的前3天保持空气相对湿度在95%左右；气温保持在28℃～30℃；遮荫1周左右，逐步早晚见光。心叶长出后逐步转为正常管理。

(4)定植前准备

①选盆及配制营养土　花盆不宜过大，可选择直径40厘米、高40厘米的塑料花盆，既可保证有足够的营养供西瓜生长，又易于搬动。营养土以非瓜茬耕层沙土、草炭、蛭石为宜，三者的比例大致为2∶6∶2。每盆加入600克的优质腐熟干鸡粪、57%氮磷钾多元素复合肥50克和适量的多菌灵等消毒药剂。装盆时先将营养土填满，然后踩实即可，并留10厘米的浇水空间。

②做畦　按温室或大棚南北走向做畦。畦上宽120厘米，下宽100厘米，深20厘米；畦背宽80厘米。按盆南北间距30厘米、东西间距20厘米把装好营养土的花盆均匀摆放在畦中，每畦摆2行。

③营养液选择　乐施，N∶P∶K为21∶21∶21。

(5)定植及定植后管理

①定植、浇水和营养液　每盆定植1株，浇足定植水。根据秧苗长势和天气情况确定浇水与浇营养液的次数，一般交替进行。营养液浓度800～1000倍，每盆1次浇3～4升。开花坐果前每周1次，坐瓜后每周2次。

②插架、绑蔓　定植后及时插架。5根竹竿插成菱形，高80厘米；或用钢筋做成160厘米的高架。留3条蔓，始终向一个方向绕架攀升，主蔓在上。

③授粉、定瓜、套瓜　瓜秧接近长满架时，选主蔓上雌花授粉，同时挂牌注明授粉日期。坐住后留1个，瓜拳头大小时用网兜吊起固定在架杆上。

④转盆　为防止根系伸出盆扎入土壤，每周转盆180°。

⑤温度控制　白天温度保持在26℃～30℃，超过35℃及时通风；夜间温度保持在16℃～20℃。

⑥病虫害防治　定植前在风口处装上防虫网，悬挂黄板。可在伸蔓期后交替喷洒多菌灵、百菌清、翠贝等预防病害，一般每周1次。害虫主要是蚜虫和斑潜蝇。平时要勤观察，如发现点、片虫害可及时喷施吡虫啉、虫螨克等防治。

(6)出棚　当西瓜长到七成熟时即可出棚，此时观赏性最佳。

93. 怎样生产造型西瓜？

造型西瓜是指用模具限制西瓜生长而生产出来的外形各异的西瓜。在育苗、定植及栽培技术等方面与普通西瓜相同，只是在西瓜膨大期将其放入模具中，在继续膨大过程中受模具限制而变形。其关键技术要点如下。

(1)制作模具　模具大小与所选西瓜品种果实大小相匹配。一般西瓜的外径要大于模具的内径，以保证造型西瓜质量。材料最好选用1厘米厚的有机玻璃，可做成正方形、三角形、多角形等形状，预留好瓜柄出口，并做到拆卸方便。

(2)装模具　当西瓜外径接近模具内径之前，将西瓜放入模具内，并摆正位置，拧紧穿钉。

(3)采收　当西瓜长满模具时，将瓜蔓剪断，轻拆模具取出造型瓜。

94. 怎样生产印字、印图瓜？

印字、印图瓜是在不损伤西瓜果皮的前提下，使果皮出现具有明显文字或图案的西瓜。主要生产技术要点如下。

(1)作字、图 用黑色不干胶纸制成适宜的文字或图案的胶贴。

(2)选瓜 选择果皮颜色较深的西瓜品种，有利于形成清晰的文字或图案。

(3)套袋 在西瓜刚进入膨大期时，用不透光的塑料袋将西瓜套住，让西瓜在黑暗中长大，使西瓜皮变成黄白色。

(4)贴文字、图案 定型后取下塑料袋贴上所需文字或图案，经5～7天阳光照射，未遮部分瓜皮颜色变深。

(5)遮荫 字贴或图贴粘在瓜皮上后，由于字贴的颜色较深，吸收热量大，易灼伤瓜皮，因此阳光强烈时，需在西瓜上覆盖一些杂草或枝条，利用散射光照射西瓜。

(6)采收 当西瓜皮色完全转变以后，将西瓜采收，撕下不干胶贴即可。

七、西瓜无土栽培技术

95. 何谓无土栽培？无土栽培有哪些类型？

无土栽培是指用无土的基质或营养液栽培作物的新栽培方法，在日本、美国和北欧等农业发达国家已广泛应用。按照是否使用基质，可分为有基质栽培（基质法）和无基质栽培（水培法和雾培法）两种类型。按其消耗能源多少和对环境生态的影响可分为有机生态型无土栽培和无机耗能型无土栽培两种类型。有机生态型无土栽培技术是指不用天然土壤，而使用基质；不用传统的营养液灌溉植物根系，而使用有机固态肥并直接用清水来灌溉作物的一种栽培技术。其生产成本低，产品质量好，是近几年农业技术发展的新成果。

96. 西瓜无土栽培有哪些优点？

（1）有利于可持续栽培　西瓜枯萎病是保护地连作栽培的一大障碍，采用无土栽培，可有效防止土传病害的发生，解决连作障碍，提高保护地的利用率。

（2）有利于增产增效　无土栽培西瓜在营养液中生长，保证了植株的营养条件，改善了根系的温度、气体、水分等环境条件，从而增加根的数目和重量，使吸收面积增加，促进地上部分的生长，因而可加速生育，提早结果，增加产量。

（3）有利于节约水肥　土壤栽培的水分大部分经蒸发、流失和渗漏而损失，肥料也易被固定或流失。无土栽培则可经常供给，并得到充分利用，从而达到节约的目的。

(4)有利于防止病害 无土栽培不易被病菌侵染,病害轻,减少了农药的使用和残留,产品无污染。

(5)有利于不同环境条件栽培 无土栽培可以在不适宜农业生产的地区如沙荒、盐碱等不毛之地栽培。

97. 西瓜无土栽培有哪些主要方法?

根据栽培容器不同可分为盆栽法、槽栽法和袋栽法等。目前华北地区小规模栽培多采用草炭、蛭石+草炭、羊粪等基质盆栽法,通过定时定量供给营养液满足植株生长发育的需要。

98. 无土栽培选用什么基质好?

基质是用于固定根系的物质,应具有透气性好、化学性质稳定、不与营养液发生反应、不改变营养液的酸碱度等特性,而且相对密度小、有一定的持水力、取材容易、价格便宜。常用的基质材料有羊粪、草炭、蛭石、珍珠岩、炭化稻壳、煤渣等,一般就地取材即可。

99. 如何配置西瓜营养液?

其一,必须包含西瓜生长所需的全部营养,即大量元素氮、磷、钾,中量元素钙、镁、硫等,微量元素硼、锰、铁、铜、锌、钼等。

其二,所用的化学肥料应易溶于水,易被作物吸收,对作物无害。氮肥要选择硝态氮,因为铵态氮被作物吸收后,很快用于合成氨基酸和其他含氮化合物,造成营养生长过旺。

其三,要根据西瓜所需的各营养元素的比例配制平衡的营养液,防止某一元素过量造成毒害。

其四，保持营养液 pH 值在 6 左右。磷酸盐在微酸性时有效性最大，铁、锰在微碱性时溶解度降低。

其五，营养液浓度要适宜，过低则养分不足，过高对作物有害，一般浓度不能超过 4‰。

营养液配方实例（每升营养液所需肥料数量）：

硝酸钙〔$Ca(NO_3)_2$〕	1 克
磷酸二氢钾（KH_2PO_4）	0.25 克
硫酸镁（$MgSO_4 \cdot 7H_2O$）	0.25 克
硫酸钾（K_2SO_4）	0.12 克
硝酸钾（KNO_3）	0.25 克
三氯化铁（$FeCl_3$）	0.025 克
硼砂（$Na_2B_4O_7 \cdot 10H_2O$）	0.25 毫克
硫酸锌（$ZnSO_4$）	0.1 毫克
硫酸铜（$CuSO_4$）	0.1 毫克
硫酸锰（$MnSO_4$）	0.1 毫克

100. 西瓜有机生态型无土栽培技术要点有哪些？

西瓜有机生态型无土栽培主要利用温室或塑料大棚等保护地设施进行生产。其栽培技术与有土的温室大棚栽培既有共性，也有不同。下面以槽式无土栽培为例，简述其关键技术。

(1)建立栽培槽　简易栽培槽用砖砌成，长度按温室的具体情况而定，一般不超过 20 米。槽内宽 50～60 厘米，高20～25 厘米。槽间过道 90 厘米。槽两边和底部铺一层 0.1 毫米厚的聚乙烯薄膜与地面土壤隔离。栽培槽两端保持 5：1 000 左右的坡度，以利于多余的水分从较低的一端排出。

(2)基质选择及配制　基质应具有透气性好、相对密度小、有一定的持水力等特点。常用的基质材料有草炭、蛭石、珍珠岩、粉碎的作物秸秆、炭化稻壳、牛粪、煤渣、菇渣等，可根据当地情况就地取材。有机肥采用鸡粪等养分含量高的肥料，使用比例为膨化鸡粪6%，腐熟优质有机肥10%，同时每667平方米的基质掺入50千克多元素复合肥。常用的基质配方如下：

草炭∶蛭石∶珍珠岩＝2∶1∶1

草炭∶炉渣＝2∶3

草炭∶玉米秸∶炉渣＝2∶6∶2

玉米秸∶蛭石∶菇渣＝3∶3∶4

玉米秸∶菇渣∶炉渣＝2∶2∶1

(3)安装供水系统　每个栽培槽内平行铺上2条滴灌带，滴灌带直径为15毫米，出水口间隔50厘米。每个温室安装独立的供水系统、加压水泵，使每条滴灌带出水口出水均匀，并安装过滤装置，以防止出水口堵塞。

(4)品种选择　适于大棚无土栽培的西瓜品种应具备早熟、耐湿、抗病、易坐果、品质优、长势强、适于密植等特点。在生产上还应选择外观漂亮、有特色、口感好、糖分含量高和生育期短的小果型品种，如京秀、新秀、黄小帅、黄小凤等。

(5)定植　西瓜苗长至2～3片真叶时即可移栽定植。每个栽培槽种2行，株距40～50厘米。定植后浇水。

(6)水肥管理　一般根据西瓜生长状况及基质含水量来调整灌水量，基质含水量控制在60%～80%之间。

定植缓苗后到伸蔓前可控制浇水，一般2～3天浇1次；伸蔓期适当增加灌水量；开花坐果期适当控水，防止西瓜徒长影响坐瓜；膨瓜期需水量大，一般1～2天浇1次水；采收前1周控水，以提高品质。高温期间每天2次，每次每株西瓜用液量为 0.5～1 升。苗期或阴雨天用量可小些，晴天和结果期用量应大些。

追肥需根据植株生长状况进行，一般追肥 3 次。肥料种类为硫酸钾复合肥。用量为：提苗肥 10 千克，伸蔓肥 10～15 千克，膨瓜肥 25～30 千克。可采用施肥罐冲施，或将肥料溶解通过人工浇施后再用清水滴灌。

(7)补充二氧化碳 棚室内无土栽培，西瓜植株吸收二氧化碳速度很快，而基质中二氧化碳含量极少，这是西瓜无土栽培中的重要限制因素。据试验，施用二氧化碳气肥，可以促进西瓜坐果和果实膨大，具有明显的增产作用。使用方法请参照二氧化碳施肥部分。

八、无籽西瓜生产技术

101. 什么是无籽西瓜？

无籽西瓜通俗来讲就是没有种子的西瓜，这里主要是指三倍体无籽西瓜。三倍体无籽西瓜是将二倍体西瓜用秋水仙素溶液处理后，使细胞中的染色体数加倍成为四倍体西瓜，然后以四倍体西瓜作母本、二倍体西瓜作父本进行杂交获得的三倍体西瓜种子，经种植后所结的果实中没有种子，因此称为无籽西瓜。

另外，利用植物生长调节剂处理普通西瓜子房或果柄，促进子房膨大和发育，不进行授粉，在植物生长调节剂水平可以满足的情况下，也能形成无籽西瓜。因处理效果受植物生长调节剂浓度、温度、光照等的影响，果实商品性表现不稳定，所以至今仍未在生产上推广应用。

102. 无籽西瓜的特征特性有哪些？

(1)采种量低 三倍体无籽西瓜是以四倍体西瓜为母本、二倍体西瓜为父本杂交而成，四倍体西瓜本身是少籽西瓜，种子量少，同时四倍体和二倍体生殖细胞中染色体数目不同，染色体有的不能正常配对，因此形成正常的三倍体种子很少。

(2)种子的形态特征 三倍体无籽西瓜的种子较大，种子千粒重 52～62 克(二倍体 37～48 克)。种胚发育不完全，胚重仅占种子重的 38.5％(二倍体普通西瓜种子胚重占种子重的 50％)，种胚体积占种壳内腔的 60％～70％，同时还有相当比例的畸形胚，如大小胚和折叠胚。种皮较厚，特别是喙部。由于上述原因，种子出苗困难，发芽率一般在60%～70%，因此育苗的技术性较强。

(3)幼苗的形态特征特性 无籽西瓜种子不充实，子叶中贮存的营养物质较少，种胚子叶折叠，出苗后子叶较小，大小不对称，生长对温度的要求较高，因而幼苗生长缓慢，成苗率低(一般为70%左右)。

(4)伸蔓期的特征特性 前期秧苗生长较弱，根系发育不良，当幼苗长至3～6片叶开始伸蔓时生长逐渐转旺，伸蔓的速度和侧蔓的出现均较普通瓜强。此时如果管理不当，易造成植株徒长，坐瓜率下降，直接影响产量。

(5)结果期的特征特性 无籽西瓜的生长势较强，更易出现徒长现象，影响及时坐果。无籽西瓜雄花上的花粉败育，因此不能正常授粉，必须用二倍体普通西瓜的正常花粉来授粉、刺激，才能坐果。果实开始膨大较慢，授粉4～6天进入迅速膨大期，且较普通西瓜快。

103. 无籽西瓜如何催芽?

无籽西瓜种子受遗传特性的影响，发芽率和成苗率较低，影响无籽西瓜的大面积推广。提高无籽西瓜种子的发芽率，是无籽西瓜生产栽培中所要解决的重要问题。

(1)选种和晒种 首先根据品种的性状，按种子的形状、色泽、大小及饱满程度进行选种，挑出四倍体西瓜种子，剔除畸形种子和杂种、劣种。然后在浸种前几天，把种子晒上1～2天，有利于提高种子的发芽势。

(2)浸种 将三倍体种子放入55℃的温水(两开对一凉)进行搅拌，然后让水自然冷却，浸种6～8小时。55℃温水兼有浸种和杀菌双重作用。

(3)人工破壳 无籽西瓜种子破壳的方法可分为干籽破壳和湿籽破壳两种。干籽破壳工效高，但容易损伤种胚，且浸种时间和浸种温度难以掌握，影响发芽率的提高。湿籽破壳容易打滑，工效低，但浸种时间长短对发芽率影响小，易于掌握，发芽率较高而稳定。目前多以湿籽破壳为主。

(4)催芽 经过浸种和破壳的种子，置于33℃～35℃的恒温条件下催芽，需要保持一定的湿度。经24小时，90%以上有发芽能力的都可发芽，把芽长0.3～0.5厘米的种子挑出即可播种；余下的继续催芽，36小时后，正常种子基本全发芽。催出的芽不宜过长，胚根过长在播种时容易折断。催芽48小时后仍不发芽的种子已丧失生活力，不必再催芽。催芽的方法有布卷法、沙床法、沙盘法、吸水纸法、谷壳炭法等，还可采用恒温设施发芽，如电热恒温箱、体温、保温瓶、火炕、电热毯等。无论采用什么方法，都要保证种子发芽所需的温度、湿度和空气等条件。

104. 无籽西瓜肥水管理有哪些特点？

(1)施肥 无籽西瓜产量高，中后期营养生长旺盛，故基肥施用量较普通西瓜应有所增加，一般每667平方米施用腐熟的优质农家肥6～7立方米，西瓜专用肥50千克。定植缓苗以后，瓜苗根系分布范围小，基肥尚不能发挥作用，于4～5片真叶期追施提苗肥，一般喷施叶面肥效果较好。当幼果长到鸡蛋大小时追施膨瓜肥，具体方法沿地膜一侧距瓜秧20厘米挖成深10～15厘米、宽10厘米的沟，一般每667平方米沟施硫酸钾10～15千克、尿素20～30千克，或西瓜专用肥30～40千克。

(2)灌水 无籽西瓜在各生长发育阶段的需水量不同。幼苗期需水少；伸蔓期植株大，西瓜蒸腾量也随之增大，需水量也大量增加。如果此时缺水，花器官就会发育不良，可根据天气和土壤墒情浇“催蔓水”，但水量不宜大，防止跑秧。在结果期，西瓜营养生长和生殖生长都很旺盛，对水分的需求量最大。这一阶段如果缺水，不仅果实膨大困难，而且易造成畸形、空心、厚皮，影响西瓜品质和商品性。因此，及时浇“膨瓜水”并保持土壤湿润，有利于增产增收。一般采收前7～10天不再浇水，以增加甜度，并防止采收时裂果。

105. 无籽西瓜为什么要配置授粉品种？

由于无籽西瓜的花粉没有生殖能力，不能起授粉作用，单独种植坐不住果，所以无籽西瓜田必须间种普通西瓜品种。生产上一般将授粉株安排在无籽西瓜田的一角，以便于取花粉。授粉株与无籽西瓜的比例以1∶10为宜。选用的授粉株的果皮，应与无籽西瓜品种的果皮有明显的不同特征，以便在采收时与无籽西瓜区别开来。生产上多以京欣一号、京欣三号、航兴一号为授粉株。授粉时应注意以下两点：一是取雄花在手背上轻抹一下，看是否有黄色颗粒，如没有应等20～30分钟后，等看到黄色颗粒后再授粉；二是授粉时动作要轻，以免蹭坏柱头。每个雄花最好为1～2个雌花授粉。

106. 无籽西瓜定植后的栽培管理关键技术有哪些？

其一，开花坐果前适当控水，但不能让土壤过于干旱。土壤过于干旱或空气干燥易造成化瓜或脱落。

其二，选择合适节位留果。一般以留主蔓第三、第四雌花坐果，侧蔓第二、第三雌花坐果为佳。避免留过高和过低节位果。坐果节位偏低或偏高，特别是低节位坐果，容易出现畸形、厚皮、空心和着色秕子果。

其三，选用花粉量大的二倍体西瓜品种，切记不要用小果型、少籽型西瓜做授粉品种，因为这些品种的花粉量不足或萌发活力低。

其四，在早上花开并见到花粉后就可以授粉，尽量在10时前授完粉。

其五，涂抹花粉时，要在雌花的柱头上涂抹均匀，由于雌花为三裂柱头，任何一部分没有涂上花粉都将导致歪瓜。

其六，膨瓜期要水肥齐攻，促进果实膨大。主要措施是果实长到1～2千克时追施尿素20～25千克、硫酸钙10～15千克，并保持土壤湿润，采收前1周停止浇水。

107. 怎样提高无籽西瓜的甜度？

造成无籽西瓜甜度低的原因有很多，如偏施氮肥、栽培密度过大、光照不足、收获前7～10天连续降水、西瓜不到七成熟就采收等。怎样才能提高无籽西瓜的甜度呢？可采取以下技术措施。

(1)增施钾肥 据试验，无籽西瓜结瓜期追施钾肥比不施钾肥的果实含糖量提高15%。

(2)选择好坐果蔓 据观察，主蔓第一雌花或第五雌花以上的雌花坐的果，特别是果柄长度超过12厘米的小果，糖分含量低，应选择主蔓第3～4雌花坐果。或侧蔓第2～3雌花坐果。蔓与蔓之间距离以20厘米左右为宜，以增加光照。

(3)保持功能叶面积 果实发育期叶面积过大或过小，都会造成果实含糖量偏低。叶面积系数应保持在1.5～2之间。

调整好植株营养生长与生殖生长的关系，使果实在发育过程中，随着成熟度的增加，茎叶表现出相应的老熟状态，有利于糖分转化。

(4)叶面喷施西瓜专用叶肥 西瓜叶肥有西瓜素、叶面宝、丰产素等。其中含有多种西瓜生长和结瓜所需的矿物质营养，并含有一定量的植物生长调节剂，有利于西瓜果实的正常膨大和发育，增加含糖量。

(5)合理浇水 西瓜“定个”后，只要瓜地不干旱，尽量减少灌水，促使瓜内糖分的转化，增加可溶性糖的浓度，提高甜度。

(6)适时采收 一般成熟适度的果实含糖量高，品质好，凡过熟、不熟的果实含糖量都低，品质差。一般在九成至九成半熟时采收的西瓜糖度最高。最好在雨前采收。在雨后成熟的，应雨过天晴2～3天后再采摘。这样有利于提高果实的含糖量。西瓜在贮藏中，糖分会逐渐降低，特别是过熟瓜降低更快。因此，无籽西瓜采收后，不宜贮藏太久，应及时处理。

九、环境条件对西瓜的影响

108. 环境条件对西瓜种子生活力有何影响？

西瓜种子由种皮和胚组成。胚是由胚芽、胚轴、胚根和两片子叶组成，养分主要贮藏在子叶中。种子越大，子叶越大，生活力越强，越容易成苗。

种子生活力受贮藏条件影响很大。在干燥和低温条件下，种子可贮藏 20 年以上，而高温高湿则易使其丧失生命力。作为商品种子，贮藏 3 年以内的陈种子与当年新种子无差异，保存 1 年的种子比当年种子发芽率略高，长势略强。

109. 环境条件对西瓜根系生长有何影响？

(1)温度的影响 根的生长发育适温是 28℃～32℃，最低温度是 10℃。根的生长量与温度关系密切。在 12℃～13℃时的生长量约为适宜温度时的 1/50。由此可见，生长初期力求温度接近适温对根系的生长至关重要，生产上采用高垄栽培、覆盖地膜、及时中耕等对促进根系生长发育十分必要。

(2)水分的影响 西瓜是耐旱性强的作物，在土层深厚、通气好、地下水位低的地方，根系的生长范围朝水平方向伸展 1.5 米，下伸 1.2～1.5 米。定植成活后，地表干旱易使幼苗形成发达的根系；相反，根部浇水多则形成狭小的根系。农民常说“旱长根”、“水长苗”，就是这个意思。因此，定植后及时中耕，减少土壤水分蒸发，尽量不浇水，对促进西瓜根系生长有积极意义。需要浇水时应注意：在根系形成前减少浇水次数而增加浇水量，使地面不至于过湿，使水分渗透到土壤深层，使根系深扎。根系形成后，一次浇水量不宜过多，以防积水引起深根伤害。

(3)矿质营养的影响 土壤氮素含量充足，则地上部分的生长优于根系，而磷和钾则有利于根系生长。伸蔓期以前，植株内氮、磷积累较多；生长中后期，磷、钾的积累较多。在生长初期吸收氮、磷较多，吸收钾较少。因此，施肥时氮素营养要适当，前期适当控制；磷肥宜早施；钾肥前期适量，重点追施。

(4)土壤氧浓度的影响 瓜类根系呼吸作用很强，属于好气性，氧气供应对于根系的生长和代谢是必要的。缺氧的土壤环境会导致有毒物质的形成，抑制根的生长，严重时导致根窒息；地上部分表现生长点发黄失绿，天气骤晴后叶片萎蔫，严重时导致死亡。

(5)土壤微生物的影响 在根周围细菌和放线菌多的情况下，根的生长良好，这些菌类对有害的尖孢镰刀菌起拮抗作用，可降低其密度和抑制其致病力。同时有利于有机肥的分解从而可改善根系生长的环境条件，有利于根系吸收养分。因此，栽培上最好采用增施有机肥、改善土壤通透性等措施，增加土壤中有益微生物。温室、大棚用化学药剂或热处理进行土壤消毒后，土壤微生物显著减少，施入牛粪等堆肥和生物磷钾肥等微生物肥料，就可以在很大程度上抑制有害病原菌再侵染，并促进根系生长。

110. 环境条件对西瓜种子萌发有何影响？

西瓜种子没有休眠期，遇有适宜的水分和温度条件即可萌发。

(1)温度和水分 一般的西瓜种子发芽的适宜温度为25℃～30℃，温度在15℃以下时发芽迟缓且易烂籽，35℃易对种子造成伤害。“烫种”可加速水分浸入种皮，但有烫伤胚芽、造成出芽延迟、出芽率下降的危险，因此采用药剂处理种子表面病菌，或用药剂处理土壤较为安全。水分是西瓜萌发的首要条件，在25℃～30℃温度条件下种子吸水较快。水分不足时，种子发芽迟缓甚至不发芽；水分过多时，种子就会因得不到充足的氧气而窒息，同样会导致发芽迟缓或不发芽。温度为25℃时，大粒种子浸种以5～6小时为宜，中小粒种子浸种以4～5小时为宜。干籽播种时，苗床浇水不宜过多。播种种芽时，需有适当的土壤湿度，土壤水分不足则易发生“芽干”现象。

(2)光照和养分 光与西瓜种子发芽的关系表现为嫌光性，但在25℃～30℃温度条件下，嫌光性不能充分显示，在较低温度(15℃～20℃)下表现显著，所以生产上采用避光催芽十分必要。氧气对发芽至关重要，发芽时土壤中氧的含量必须占大气含量的10%以上，如氧气不足，种子内会形成乙醇和乳酸等有害物质，严重抑制发芽。播种太深，土壤含水量过高或黏重板结，催芽过程中种子表面积水，或容器封闭太严等，均会供氧不足，使种胚生长发育不良，发芽率降低，严重时种子霉烂丧失活力。

111. 环境条件对西瓜茎叶生长有何影响?

(1)光照和温度 茎叶生长的最适温度白天为25℃～30℃，夜间为16℃～20℃，下限为9℃。温度过低容易发生幼苗黄化、矮化，植株生长缓慢、停长等现象。西瓜是最喜光的作物，光照直接决定着植株养分、水分，关系到茎叶的壮实，一般情况下叶柄小于叶片长度，但如果密度大、光照不足，会出现叶柄伸长并超过叶片长度，叶片变得大而瘦薄，茎蔓节间拉长等现象。

(2) 空气　二氧化碳是光合作用必不可少的，空气中二氧化碳浓度通常为 300～350 毫升/立方米。当二氧化碳浓度降至 100 毫升/立方米时，光合效率降低 70%～80%，植株节间拉长，叶片变薄变大；相反，昼夜都处于 1 000 毫升/立方米以上高二氧化碳的环境中，植株就会出现生理障碍，造成叶片黄化，生育不良，这种情况在高温下尤其明显。因此，应注意适当通风换气，调节二氧化碳浓度。早春利用火道加温，应注意调控棚内二氧化碳及其他有害气体浓度，以防造成伤害。

(3) 水肥　水肥充足，西瓜茎叶生长快。尤其是当氮肥用量过多时，茎叶生长旺盛，茎粗、节间长，叶片肥大，茎叶重叠，光合作用明显减弱，易引起坐果不良的恶性循环。若水分供应不足，常表现叶小、茎节短，生长缓慢。

(4) 留蔓数量　西瓜留蔓数量少时，表现为茎粗、节长，叶大，生长旺，易发生侧蔓；瓜蔓数量多时，由于养分分散，导致节短茎细，叶小而充实，侧蔓发生较少。另外，在苗龄较短、幼苗组织硬化前定植时，侧蔓发生多而生长较旺；定植苗龄较长，略呈组织硬化的苗，植株侧蔓较少，长势较弱。大田栽培育苗采用前者，而棚室栽培应采用后者。

112. 环境条件对西瓜花的分化及发育有何影响？

西瓜的花分雌花、雄花和两性花，其着生比率随品种、温度、营养等环境条件变化而不同，发育状况受这一时期环境条件影响很大。

(1)温度　温度与花芽分化关系密切。较低的温度有利于西瓜花芽分化，增加雌花比例，降低雌花着生节位。夜温对第一雌花影响更大。育苗移栽西瓜，在第二片真叶展平时雌花已开始分化；而露地直播西瓜，花芽分化较晚，3～5片真叶时花芽才开始分化。育苗时，从二叶期开始保持较低温度，白天22℃～25℃，夜间16℃～18℃，有利于提高幼苗素质，降低雌花节位，增加雌花数量，这对于棚室早熟栽培是非常重要的。

(2)光照与营养　光照充足、营养充分、同化物质积累多时，茎叶充实，雌花分化好，雌花素质好、密度会提高，且形成的雄花饱满，素质高；若光照不足，雌花数量减少、出现晚、间隔延长，子房变形、素质低。日照长短对西瓜影响较小，在西瓜育苗中可不必考虑日照长度的问题。提高氮素营养水平能促进植株中糖的积累，有利于雌花分化和发育，但若施氮素肥料过多也不利于雌花分化。早春育苗期较长时，营养土中应加入适量氮肥，并配以磷、钾肥和微量元素。

(3)水分　较高的空气湿度和适当的土壤湿度有利于雌花形成和发育。水分不足则促使雄花形成，使雌花减少，特别是开花前1周土壤干旱、空气干燥，易造成雌花素质低，子房畸形，后期果面起棱等现象；水分过多，易引起瓜苗徒长，花芽分化迟，且雌雄花素质降低，坐果难。

113. 环境条件对西瓜开花有何影响?

(1)光照　光照充足，则花蕾发育充实，开花能力提高。成熟后的花蕾在温暖的环境下，黑暗期最低，需连续8小时才能开放。

(2)温度　低温易使花成熟不良。夜温越高，开花越早。

中熟品种产生花粉的最低温度是13℃～14℃。从花粉的发育来看，最好夜温在16℃以上。温度过高或过低均会妨碍花的正常开放。

(3)水分　花蕾被浸湿会延迟开花，尤其是滴湿、淋湿使开花更晚，产生的花粉变劣。

114. 环境条件对西瓜结实有何影响？

(1)花粉的生活力　花粉的生活力与授粉时的环境条件、雄花营养状况、花粉的成熟度状况密切相关。西瓜在气温23℃～27℃时花粉萌芽旺盛，花粉管伸长能力强。温度过高或过低均会降低花粉的发芽率。营养条件好时花粉发育充实，成熟度好的大蕾花粉生活力强。西瓜花粉要求较高的空气湿度。当空气相对湿度为95%时，花粉发芽率为92%；空气相对湿度为50%时，发芽率降至18%。土壤湿度充足，则花蕾大，花粉生活力强；土壤干旱，花蕾生长受到影响，花粉生活力下降。因此，开花前土壤墒情不足时，小水灌溉十分必要。西瓜花粉耐水性弱，如果雄花和雌花柱头上淋水就会丧失生育能力；而西瓜的雌雄花又都向上开放，容易受雨水和水滴影响，因此棚室栽培西瓜应防止棚膜内的水滴滴入花内，授粉后用标记纸帽遮盖雌花防水。

(2)授粉　刚开放的雌花生活力旺盛，此时授粉结实率最高。清晨雄花散粉后至上午9时是授粉的最佳时间；中午前后柱头分泌液影响授粉，加之空气湿度较低，温度偏高，又影响了花粉和花粉管的伸长，此时授粉的结实率显著降低。授粉后，幼果的发育是靠种胚和种子产生生长素的刺激，同时促进各类物质向子房转移。因此，授粉量的多少对结实率高低、果实发育好坏乃至产量和品质等均有很大影响。种子重量和数量的增加可促进果实增大，授粉时花粉应尽量充足。授粉不均匀会造成果实种子分布不均匀，果实发育不周正。

(3)营养条件　叶数多、叶面积大，根系发达，吸收的营养物质多，结实率高；光照强、气温适宜、二氧化碳充足光合产物多，营养充足，结实率高。而阴雨天，低温弱光条件下，光合产物低，营养条件差；在氮素肥料吸收过多、瓜蔓疯长状态下，同化功能下降，同化物质积累少，营养条件差，结实力下降。

115. 环境条件对西瓜果实发育有何影响?

(1)温度　果实发育前期以23℃～24℃的较低日平均温度为佳，这一温度能有效维持子房细胞保持旺盛分裂增殖，为以后的生长打下基础。果实膨大期比较理想的日温是30℃～32℃，夜温为18℃，昼夜温差为10℃～15℃，可有效减少呼吸消耗，增加糖分积累。生产中尤其是棚室栽培，尽量将幼果置于较为温暖的环境中，如高垄的地膜上或地膜内，有时虽然气温较低，但较高的地温也可促进其生长。

(2)光照　光照不但影响环境温度和植株光合效能，而且影响果实自身温度和光合作用，从而直接影响其生长发育。光照不足时，果色变淡，但当果实受到强烈的直射光照射时，皮色不鲜亮，严重时会发生日灼。生产中对果实光照的管理是:前要晒，后要盖。

(3)水分　果实膨大初期至中期，是西瓜一生中需水量最大时期，充足的水分供应可促进细胞分裂和膨大，特别是开花坐果后7～23天是最为关键时期，缺水对产量和品质的影响特别明显。

(4)叶片数、叶面积　叶片多、叶面积大的植株，果实大而且果实发育快，瓤质、甜度、风味和颜色也好，因此在田间条件许可的情况下，应尽可能多留叶蔓，使其分布均匀，互不交叉重叠，以爬满田园为宜。

(5)营养条件 果实膨大不但需要叶片的光合产物，而且需要根系供给大量的矿物质营养元素，因此追肥十分必要，但追肥数量、时期，应根据幼果的大小、新生叶片大小、蔓的粗细、节间长度等具体情况确定。

116. 地膜覆盖对根际环境和植株生长有哪些影响?

一是促进根系生长。盖膜后根系生长量明显增加，鲜重和干重分别比裸露地增加 84.1%和 138.1%，侧根条数和根粗增加。但覆膜后根系分布较浅，影响后期的吸收和抗旱能力。

二是加速生长，提前生育，提早上市，增加产量。由于盖膜促进了根系的生长，地上部分生长明显加快，各个生育时期相应提前，整个生育期可缩短 5～7 天。地膜覆盖不仅提高早期产量，总产量也有较大的增长，产量和产值增加近 1 倍。

十、西瓜施肥技术

117. 无公害西瓜施肥的原则是什么?

无公害西瓜以安全、优质的特点受到广大消费者的欢迎。生产无公害西瓜除了环境方面的因素外,合理地使用肥料也是关键。怎样才能做到科学的施肥,要掌握以下技术要点。

第一,应掌握以下施肥原则:以农家肥为主,辅以其他肥料;以多元复合肥为主,单元肥料为辅;以施基肥为主,追肥为辅。尽量限制化肥的施用,有机氮与无机氮之比不低于1∶1。

第二,要做到农家肥充分腐熟,化肥要深施、早施。深施可减少养分挥发,延长供肥时间,提高肥料利用率。早施则有利于植株早发快发,延长肥效,减轻硝酸盐等有毒物质的积累。一般铵态氮施于 6 厘米以下土层,尿素施于 10 厘米以下土层,磷、钾肥施于 15 厘米以下土层。

第三,根据西瓜生长发育的营养特点和土壤、植株营养诊断进行追肥,及时满足西瓜对养分的需求。

第四,根据气候条件施肥。温度高时,作物生长旺盛,需肥多,而且有利于肥料的分解和转化;土壤中有适宜的水分时,有利于微生物的活动和物质分解;光照充足有利于光合作用和无机盐营养的运行。所以,在光照好、温度高时需要供应较多的肥料,并且不会造成硝酸盐的过多积累。

118. 农家肥肥效知多少？

(1)人粪尿　1吨人粪尿相当于硫酸铵25～40千克，过磷酸钙13～25千克，硫酸钾4～6千克。

(2)猪粪　1吨猪粪相当于硫酸铵17千克，过磷酸钙21千克，硫酸钾10千克。

(3)牛粪　1吨牛粪相当于硫酸铵17千克，过磷酸钙16千克，硫酸钾3千克。

(4)马粪　1吨马粪相当于硫酸铵28千克，过磷酸钙19千克，硫酸钾5千克。

(5)羊粪　1吨羊粪相当于硫酸铵33千克，过磷酸钙31千克，硫酸钾5千克。

(6)鸡粪　1吨鸡粪相当于硫酸铵55～82千克，过磷酸钙88～96千克，硫酸钾12～17千克。

(7)兔粪　1吨兔粪相当于硫酸铵86千克，过磷酸钙48千克，硫酸钾20千克。

119. 农家肥在西瓜生产中的作用是什么？

农家肥不但富含有机质，而且含各种营养元素，可以补充各种微量元素，有利于提高西瓜的产量和品质，生产无公害西瓜产品。

增施农家肥，可提高土壤的有机质含量，改善土壤结构和土壤理化性状，培肥地力。据调查，连年重施农家肥，缺钼现象明显减少。同时，农家肥一般呈碱性，可起到调节土壤酸碱度的作用，有利于提高土壤中钼的有效性。

农家肥能促进蔬菜对养分的吸收，提高肥料利用率，并且农家肥对土壤污染物有降解和缓解作用，可以减少对蔬菜的污染，有利于净化环境，保护生态。

120. 农家肥为什么需要充分腐熟后再施用？

农家肥中绝大多数养分都是迟效性的，不易被作物直接吸收利用，如果把未腐熟的农家肥料施入土壤中，往往由于分解缓慢，不但当季肥效差，而且会孳生杂草、传播病原菌和寄生虫卵。另外，施入氮肥含量高的未腐熟农家肥，在田间进行腐熟的过程中，会释放出氨气，损伤作物的茎叶。为了克服这些缺点，农家肥料需要充分腐熟后才能施入土壤。

腐熟的目的：促使有机质在微生物的作用下分解形成矿质养分，以利于作物吸收利用；促使农家肥的物理性状发生改变，由硬变软，质地由不均一变得均一，便于施用；只有充分腐熟的农家肥料才具有改土作用；腐熟过程中产生的高温能杀死大部分的病原菌、寄生虫卵和杂草种子。

121. 施用农家肥的数量和深度是多少？

西瓜施肥应以农家肥为主，化肥为辅。尤其是基肥，几乎全部是农家肥。农家肥的施用量，应根据西瓜的目标产量、土壤肥力来确定。一般每 667 平方米施用优质厩肥 4～5 立方米，或优质活性农家肥 400～500 千克。施肥深度可根据根系分布深度来确定。采用地膜覆盖栽培、灌溉条件好的西瓜，根系分布较浅，施肥深度一般在 30～40 厘米；反之，灌溉条件差，根系分布则深，施肥深度应在 40～50 厘米。

122. 西瓜施用饼肥应注意哪些问题？

饼肥是西瓜生产中传统的农家肥料，主要有大豆饼、花生饼、芝麻饼等，养分含量全面。施用时应注意以下几点。

(1)施用时间应适时 无论作基肥还是作追肥，都要适时施用。基肥施用过早，对幼苗前期生长尚未发生作用即已失去肥效；施用过晚，易引起徒长，延迟坐瓜，降低坐瓜率。正确的使用时间是在定植前10天左右穴施。

(2)需粉碎及发酵 饼肥在压榨过程中形成的硬块，需粉碎成小颗粒才能施用均匀，并尽快地被土壤微生物分解。由于饼肥在分解过程中能产生大量的热量，使附近土温剧烈升高，因此在作追肥施用时，一定要经过发酵后再追施，以免烧根。

(3)用量要恰当 饼肥价格较高，必须合理使用才能获得较好的效益。用饼肥作基肥，每667平方米用量40～50千克；作追肥的用量不超过75千克。

(4)深浅远近要适宜 饼肥施用深度应比化肥稍深一些，基肥为25厘米，追肥为15厘米。追肥时，不可距根太近，以免烧根。也不可太远，以免影响肥效。一般催蔓肥距根部25厘米左右，膨瓜肥距根部30厘米左右。

(5)施用后不可马上浇水 追施饼肥后一般不可马上浇水，以免造成植株徒长。通常追饼肥后2～3天再浇水为宜。饼肥不宜与化肥混合使用，特别是不能与速效化肥混合使用，以免造成植株徒长或引起烧根。

123. 西瓜对氮磷钾三元素需求的数量及比例是多少？

西瓜对各种营养元素吸收的数量因产量不同而有差异。以667平方米计算：目标产量为4 000千克，需氮(N)、磷(P_2O_5)、钾(K_2O)纯量分别为10.08千克、3.24千克、11.45千克；目标产量为3 000千克，需氮、磷、钾纯量分别为7.36

千克、2.43 千克、8.58 千克；目标产量为 2 500 千克，需氮、磷、钾纯量分别为 6.3 千克、2.07 千克、7.05 千克。虽然产量不同吸收的肥量不同，但对氮、磷、钾吸收的比例基本维持在 3∶1∶3.5 左右。

124. 西瓜对大量元素的吸收特点是什么？

不同生育时期西瓜对营养元素的吸收数量不同。吸收量基本与植株干物质增长量一致。发芽期和苗期仅占吸收总量的 0.54%；伸蔓期茎叶干重迅速增长，对矿质营养吸收数量增加、占总量的 14.66%；坐果期、果实生长盛期吸收量最大，占总量的 84.78%；变瓤期对养分吸收基本停止。

西瓜在不同生育时期对营养元素的吸收特点是：氮的吸收比较早，至伸蔓期增加迅速，果实膨大期达到高峰。钾肥前期吸收比较少，在果实膨大期吸收量急剧上升。磷的吸收初期较高，高峰出现较早，在伸蔓期已趋于平稳，果实膨大期吸收明显降低。磷支持花芽分化，因此在苗期要注意适当增加磷的使用量。

125. 何谓中量元素？有什么作用？如何施用？

中量元素是指作物生长过程中需要量次于氮、磷、钾而多于微量元素的营养元素，占植株干物质重的 0.1%～0.5%，通常指钙、镁、硫三种元素。

(1)中量元素的作用

①钙　是构成细胞壁的重要元素，植物体中绝大部分钙存于细胞壁中。作物缺钙时，细胞壁不能形成，细胞不能正常分裂，生长点就会坏死。所以缺钙症状常会首先表现在顶端叶片上。缺钙通常会由温度、水分条件变化剧烈造成，而非单

纯的养分供应问题，应注意栽培过程中环境条件的控制，同时配合钙肥的使用。

②镁　是叶绿素的组分，许多酶的活化剂，能增强作物体内各种代谢活动。作物缺镁时，叶绿素减少，光合作用减弱，碳水化合物、蛋白质、脂肪的形成都会受到抑制。缺镁症状首先表现在中、下部的老叶上。

③硫　是蛋白质和核酸的组成物质，是许多辅酶的结构成分。作物缺硫时，蛋白质等的合成受阻，植株矮小，叶绿素降低，分蘖分枝少。缺硫症状首先表现在顶端新叶上。

(2)中量元素肥料的主要施用技术

①钙肥　含钙的肥料有石灰、石膏、硝酸钙、石灰氮、过磷酸钙等。石灰是酸性土壤上常用的含钙肥料，在土壤 pH 值为 5～6 时，每公顷适宜用量为黏土地 1 100～1 800 千克，壤土地 700～1 100 千克，沙土地 400～800 千克；土壤酸性大可适当多施，酸性小可适当少施。石膏是碱性土常用的含钙肥料，每公顷用量 1 500 千克或含磷石膏 2 000 千克左右。硝酸钙、氯化钙、氢氧化钙可用于叶面喷施，浓度因肥料、作物而异，在果树、蔬菜上硝酸钙喷施浓度为 0.5%～1%。

②镁肥　含镁的肥料有硫酸镁、水镁矾、氯化镁、硝酸镁、氧化镁、白云石、钙镁磷肥等。质地偏轻的土壤、酸性土壤、高淋溶性土壤及大量施磷肥的地块，易发生缺镁症状。镁肥用量因土壤和作物而异，一般每公顷以纯镁计为 15～25 千克。硫酸镁、硝酸镁可叶面喷施。在蔬菜上喷施浓度：硫酸镁为 0.5%～1.5%，硝酸镁为 0.5%～1%。

③硫肥　含硫的肥料有石膏、硫黄、硫酸镁、硫酸铵、硫酸钾、过磷酸钙等。谷类和豆科作物，在土壤有效硫低于 12 毫克/千克时就会发生缺硫。对硫敏感的作物有十字花科、豆科

作物及葱、蒜、韭菜等。硫肥每公顷用量：石膏为150～300千克，硫黄为30千克。

126. 何谓微量元素？有什么作用？

微量元素是指在植物生长中必需的但需用量很少的营养元素，如硼、锰、锌、铁等。

硼能促进生殖器官的正常发育，缺硼的一个重要症状是籽实不能正常发育，甚至不能形成，从而影响作物的收成。硼对作物体内糖的合成和运输有促进作用，还能增强作物抗逆性。

植物叶绿体中含有锰。锰能促进种子发芽和幼苗生长。缺锰时影响作物的光合作用、呼吸作用、硝态氮在体内的积累，表现为叶片脉间失绿黄化、有褐色斑点，并逐渐增多散布于全叶，使叶片变成红灰色并且皱缩。

铁是叶绿素的重要成分，在植株体内很难转移，所以叶片“缺绿症”是植物缺铁的表现，并且这种失绿首先出现在幼嫩叶片上。另外，铁对植物的光合作用、呼吸作用都有影响。

锌能促进作物进行光合作用，缺锌时作物生长发育出现停滞。

127. 西瓜缺氮肥和过多施氮肥的症状是什么？

氮是构成蛋白质的主要元素，蛋白质又是细胞原生质中的基本物质，是构成叶绿素、酶、核酸、维生素的主要成分。氮素供应适量，茎叶生长健壮、茂盛。如果氮素用量过大，则茎叶徒长，易出现疯秧，延迟开花结果，抗寒和耐病能力减弱。氮肥供应不足时，植株矮小，叶色淡，分枝少，花小，果实小，产量低，品质差。

128. 西瓜缺磷肥和过多施磷肥的症状是什么？

磷是形成细胞核蛋白、卵磷脂等不可缺少的元素。充足的磷素营养能促进细胞分裂，有利于根系生长，并促进花芽分化、开花和结果，提早成熟，增强植株的抗逆性。缺磷时，植株矮化，表现从下部叶片开始，而后发展到上部叶片，幼叶细小僵硬、呈暗绿色。磷过剩时，可诱发铁、锌、镁的缺乏症，叶片呈现各种褪绿症状。

129. 西瓜缺钾肥和过多施钾肥的症状是什么？

钾能调节细胞原生质的胶体状态，提高植株的同化效能，促进淀粉和糖的形成与转运，增强植株的抗病和耐寒能力，提高西瓜品质，还能促进对氮、磷的吸收和利用。缺钾时，植株矮化，节间短。叶片小，叶呈青铜色、褶皱弯曲，叶缘逐渐变黄绿色，主脉下陷，叶片逐渐失绿坏死，也就是常说的“烧边”现象。钾过剩时，西瓜根系发育不好，抑制了对钙、镁的吸收，呈现出缺钙、缺镁症状。

130. 西瓜缺钙的症状是什么？

西瓜缺钙多发生在连续多年施用不含钙素肥料的地块。西瓜缺钙时顶叶黄化，下部仍保持绿色，这是缺钙与缺氮、磷、钾不同的典型特征。此外，西瓜缺钙伴随叶缘黄化，叶片向外侧卷曲、呈降落伞状。植株顶端部分变褐坏死，茎蔓停止生长。若花芽分化时子房中摄入钙量不足，常引起果实畸形。

131. 西瓜缺镁的症状是什么？

缺镁常发生于酸性或含钙较高的碱性土壤上。此外，土壤温度过低，氮、钾肥施用过量，农家肥严重不足，均会造成镁缺乏。由于镁在植株内移动性很强，因此缺镁老叶叶脉间首先黄化失绿，后逐渐扩至整叶变黄、枯萎。

132. 西瓜缺硼的症状是什么？

西瓜吸硼量较大田作物高，在农家肥较少又不施用硼肥的土壤上易缺硼。此外，砂壤土及偏碱土壤均易降低硼的有效性而导致植株缺硼。西瓜缺硼时，新叶不伸展，叶面凸凹不平，叶色不匀；新蔓节间变短，蔓梢向上直立，且新蔓上有横向裂纹，脆而易断、断面呈褐色。严重时生长点死亡，停止生长。有时蔓梢上分泌红褐色膏状物。缺硼常造成花发育不全，果实畸形或不能正常结果。

133. 西瓜缺锰的症状是什么？

在碳酸盐类的土壤或石灰性的土壤以及可溶性锰淋溶严重的酸性土壤上易发生缺锰，富含有机质且地下水位较高的中性土壤也会出现缺锰。西瓜缺锰，首先新叶脉间发黄，主脉仍为绿色，使叶片呈现明显的网纹状，以后逐渐蔓延至成熟老叶。缺锰较重时，主脉也变黄。长期严重缺锰，致使全叶变黄。同时，缺锰种子发育不充分，果实易畸形。

134. 西瓜缺锌的症状是什么？

西瓜缺锌时，枝条纤细，节间短。叶片发育不良，向叶背翻卷，叶尖和叶缘变褐并逐渐焦枯。主要原因是土壤内有效锌含量少。一般石灰性和中性土壤中有效锌低于0.5毫克/千克、酸性土壤中有效锌低于1.5毫克/千克时易缺锌。土壤呈碱性、含磷量高、大量施氮肥易使土壤变碱，易缺锌。有机物和土壤水分过少，易缺锌。

135. 西瓜生产上常用哪些化肥？

西瓜生产上常用的化肥有以下几种。

(1)氮素化肥 常用的有尿素、硫酸铵、碳酸氢铵和硝酸铵等，其中以尿素和碳酸氢铵施用最为普遍。尿素的含氮量为45%～46%，肥效长，通常作基肥或追肥用。碳酸氢铵易挥发，既可作基肥，也可作追肥。作追肥时应深一些，并及时盖土浇水。

(2)磷素肥料 常用的磷肥主要是磷酸二铵和过磷酸钙。磷酸二铵为碱性速效肥、含磷45%～46%，过磷酸钙含磷12%～46%，常用作基肥。磷肥施入土壤后溶解度小，易被土壤固定而降低肥效。

(3)钾素肥料 常用的钾肥有硫酸钾和氯化钾，西瓜宜施用硫酸钾。硫酸钾可作基肥，也可作追肥。

(4)复合化肥 复合化肥是含有两种或两种以上主要营养元素的化学肥料。它们的有效成分高，养分齐全。西瓜常用的复合肥主要有氮磷钾复合肥、钙镁磷肥和磷酸二铵等。

136. 化肥的深施技术要点是什么？

化肥深施技术是将化肥定量均匀地施入到地表以下作物根系密集部位，使之既能保证被作物充分吸收，同时又显著减少肥料有效成分的挥发和流失，达到充分利用肥料和节肥增产之目的。

(1)化肥深施的优点

①提高化肥利用率　化肥深施可减少化肥的损失和浪费。据试验证明，碳酸氢铵、尿素深施地表以下6～10厘米的土层中，比表面撒施氮的利用率可分别由27%和7%提高到58%和50%。磷、钾肥深施还可以减少风蚀的损失，促进作物吸收和延长肥效。

②增加作物产量　化肥深施可促使根系发育，增强作物吸收养分、水分和抗旱能力，有利于植株生长，从而提高作物产量。

(2)化肥深施技术要点

①基肥深施　在做瓜畦时将化肥混在农家肥中作为基肥施入瓜沟内。

②苗肥深施　苗期施化肥要保证肥与根系之间有3厘米以上的土壤隔离层，既满足作物苗期生长对营养成分的需求，又避免烧苗。技术要求如下。

正位深施：肥料位于秧苗正下方，在定植时一次施入。

侧位深施：肥料位于秧苗侧下方，深度5厘米左右，在定植前、定植期间和定植后使用皆可。

③追肥深施　追肥深度(以植株同地面交点为基准)应为6～10厘米。追肥部位应在作物株行两侧的10～20厘米之间，可条施或穴施，施肥后覆盖严密。

137. 化肥贮存应注意什么问题？

(1)防腐蚀毒害　过磷酸钙有腐蚀性，防止与皮肤、金属器具接触。氨水对铜、铁有强烈腐蚀性，宜贮存于陶瓷、塑料、木制容器中。此外，化肥不能与种子堆放在一起，也不要用化肥袋装种子，以免使种子失去发芽能力。

(2)防返潮变质 如碳酸氢铵易吸湿，造成氮挥发损失；硝酸铵吸湿性很强，易结块、潮解；石灰氮和过磷酸钙吸湿后易结块，影响施用效果。因此，这些化肥应存放在干燥、阴凉处。

(3)防挥发损失 碳酸氢铵极易挥发损失，贮存时包装要密封牢固，避免与空气接触。氮素化肥、过磷酸钙严禁与碱性物质(石灰、草木灰等)混合堆放，以防氮素化肥挥发损失和降低磷肥的肥效。

138. 施用尿素应注意哪些问题？

(1)不能与碱性肥料混施或同时施用 碱性肥料包括草木灰、石灰、钼镁磷肥等，如混合尿素施或同时施，会加剧尿素中的氮素变成氨而挥发。因此，夏、秋季节，尿素与碱性肥料应错开 3～4 天施用，冬、春季应错开 7～8 天施用。

(2)不能用作拌种肥 尿素作种肥，会使种子失去发芽力，还可危及幼苗。同时，因为高浓度的尿素能破坏种子的蛋白质结构，对种子也有毒害和抑制作用，故不宜作种肥。若必须作为种肥施用，要避免种子与肥料接触，并控制用量。

(3)施后不能立即浇水 酰胺态的氮素，与土壤胶体间的吸附能力很低，其在土壤中的流动性和流失程度并不比硝态氮肥小。因此追施尿素后，在其转化完毕之前，切勿浇水，否则流失浪费大。一般夏、秋季应在施后 2～3 天才能浇水，冬、春季应在施后 7～8 天浇水。施后中耕，使土肥相融。大雨之前不能施用尿素。

(4)忌浅施 尿素浅施易挥发，且易被杂草消耗。尿素深施，融肥于土，使肥料处于湿润的土层中，有利于肥效的发挥。

作追肥应穴施于苗旁或沟施在苗侧，深度应在10～15厘米。这样，尿素集中在根系密集层，便于作物吸收利用。试验证明，深施比浅施能提高尿素的利用率10%～30%。

(5)用量不宜过大 尿素含氮量高，施用量不宜过大，以免造成浪费和肥害。一般每667平方米施用5～15千克。施用过多，在转变为碳铵前不能被土壤吸收，容易被雨水冲走而损失，且易伤害作物。

(6)叶面喷施浓度不能过高 叶面喷施切忌尿素溶液浓度过大，否则会烧坏叶片，也会毒害植株。瓜类蔬菜以不超过0.5%为宜。

(7)注意施用时间 施用尿素过晚，不利于肥效的发挥，易造成作物贪青晚熟，故一般应比其他氮肥早施4～7天。

(8)应与其他肥料配合施用 尿素的有效成分是氮素，而作物生长发育需要多种营养成分，因此尿素应与农家肥及磷、钾肥等配合施用，以满足农作物对各种养分的需要。同时也可加速尿素的转化与分解，迅速被作物吸收，提高尿素的利用率。

139. 化肥和农家肥混合施用有什么好处？

(1)可以提高肥效 如过磷酸钙、微量元素等肥料，施入土壤后易被土壤固定而失效。与农家肥混合用，由于减少了与土壤的接触面，减少了养分的固定。又如许多化肥与农家肥混合后，化肥可以被农家肥吸收保蓄，减少流失。此外，化肥掺农家肥还可以促进农家肥腐熟，提高肥效。

(2)可以减少化肥可能产生的某些负面影响 在单独施用较大量化肥或化肥施用不匀时，土壤溶液浓度高，影响作物吸水，甚至伤根，如果与农家肥料混合施用就会减轻单施化肥造成的肥害。另外，如长期单独施用生理酸性肥料，会使土壤变酸，而产生过多的活性铁、活性铝等有害物质，对作物造成毒害。而同农家肥混合施用，可以增强土壤的缓冲性能，防止土壤酸化。再如，有的过磷酸钙含游离酸过多，作种肥时会影响种子发芽和幼苗生长，加入农家肥后中和了游离酸，可减少对种子的危害。

(3)可以增加作物营养 农家肥所含养分较全，肥效稳而长，含有机质多，能提高土壤有机质含量，改善土壤理化性质。不但可以供给作物，而且可以供给土壤微生物以氮、磷、钾等养分以及维生素和生长激素等。农家肥施入后，土壤酶活性增强，有利于养分转化。如农家肥与过磷酸钙或过磷酸镁等混合，可以促进土壤中自生固氮菌的生长，增加作物氮素营养。

在秸秆还田和施用未腐熟农家肥时，加入化学氮肥，可以避免作物因早期缺氮而导致前期生长速度缓慢的问题。

140. 提高肥效的新技术是什么？

“庄稼一枝花，全靠肥当家”。对于瓜农而言，掌握基本的肥料及施肥常识不仅可以提高肥效，节省成本，而且可以减少施肥带来的环境污染，并可以改良土壤理化性状。

(1)有机无机结合 农家肥称为有机肥，它的养分齐全，肥效持久；化学肥称为无机肥，它的养分单一，含量较高，见效又快。在西瓜施肥技术上必须将农家肥与无机肥两者配合施用，取长补短，提高肥效。将人畜粪与硫酸铵、过磷酸钙、氯化钾进行配合施用，比单施等量肥料增产 10%～15%。

(2)配方施肥 将氮、磷、钾与微量元素配合施用，叫配方施肥。据试验，单施尿素，氮的利用率为 30%～38%；而配方施用，氮的利用率可提高至58%～60%。单施磷肥，五氧化二磷的利用率为12%～14%；配方施用，利用率可提高至35%～38%。单施氯化钾，利用率只有31%～35%；配方施用，利用率可提高至57%～61%。

(3)氮肥深施 氮素化肥深施能有效地防止养分流失，提高氮素利用率。据试验，碳酸氢铵撒施，氮的利用率为28.6%；进行深施，氮的利用率提高到58.6%。尿素撒施，氮的利用率为42%；进行深施，氮的利用率提高到80%以上。

141. 如何正确使用复合肥？

复合肥具有养分含量高、副成分少、物理性状好等优点，对于平衡施肥、提高肥料利用率、促进作物高产稳产有着十分重要的作用。但它也有一些缺点，比如它的养分比例总是固定的，而不同土壤、不同作物所需的营养元素种类、数量和比例是多样的。因此，使用前最好进行测土，了解田间土壤的质地和营养状况，还要注意与单元肥料配合施用，才能得到更好的效果。

复合肥肥效长，宜作基肥。大量试验表明，不论是二元还是三元复合肥，均以基施为好。这是因为复合肥中含有氮、磷、钾等多种养分，西瓜等瓜类作物前期尤其对磷、钾极为敏感，要求磷、钾肥作基肥早施。复合肥不宜用于苗期肥和中后期追肥，以防徒长。复合肥分解较慢，如定植时用复合肥作基肥，在追肥时及时补充速效氮肥，以满足西瓜对营养的需要。

复合肥浓度差异较大，应注意选择合适的浓度。目前，多数复合肥是按照某一区域土壤类型平均养分状况和农作物需肥比例配置而成。市场上有高、中、低浓度系列复合肥，一般低浓度总养分在25%～30%，中浓度在30%～40%，高浓度在40%以上。要因地域、土壤、作物不同，选择使用经济、高效的复合肥。一般高浓度复合肥用在西瓜等经济类作物上，品质优，残渣少，利用率高。复合肥浓度较高，要避免种子与肥料直接接触。复合肥养分含量高，若与种子或幼苗根系直接接触，会影响出苗甚至烧苗、烂根。播种时，种子要与穴施、条施复合肥相距5～10厘米。

142. 西瓜施肥应注意哪些问题？

(1)忌施用含氯肥料 西瓜施肥，不能施用含氯肥料，如氯化铵、氯化钾等。施用含氯肥料会影响西瓜糖分积累，使瓜味变淡。

(2)忌单施大量氮肥 据实验，西瓜坐瓜前，对养分的吸收以氮为主，坐瓜后对钾的吸收量剧增；西瓜褪毛阶段吸收氮、钾量基本相等，膨大阶段吸收量达到高峰。成熟阶段吸收氮、磷、钾三要素的比例，幼苗期为3.6∶1∶4.6，瓜生长盛期为3.5∶1∶4.6。

(3)忌过多施用人粪尿 西瓜不宜过多施用人粪尿，否则容易引起植株徒长，使西瓜坐瓜困难，瓜皮厚而味酸。

(4)忌在表层施肥 西瓜追肥要注意深施，施后及时覆土，特别是氮肥，如果表施，容易挥发产生氨气，危害叶片，同时也使肥效降低。

(5)忌施肥离根太近 西瓜的施肥部位，一般要求距离主根10厘米左右，离根太近容易烧根，造成肥害。

143. 什么是施肥"五不混"？

一是农家肥不能与石灰氮、石灰、钙镁磷肥等碱性肥料混用。因为人畜粪尿中的主要成分是氮，若与强碱性肥料混用，则会中和而失效。草木灰也不宜与其他农家肥料混施。

二是过磷酸钙不能与草木灰、石灰氮等碱性肥料混用，否则会降低磷的有效性。磷矿粉、骨粉等难溶性磷肥也不能与草木灰、石灰氮等碱性肥料混用，否则会使难溶性磷肥更难溶解，作物无法吸收利用。

三是钙镁磷肥等碱性肥料不能与铵态氮肥混施。因为碱性肥料若与铵态氮肥料如碳酸氢铵、硫酸铵、硝酸铵、氯化铵等混施，则会增加氨的挥发性，从而降低肥效。

四是未腐熟的农家肥不能与硝酸铵混施。因为未腐熟的农家肥要经过分解腐熟后才能被作物吸收利用。若与硝酸铵混施，未腐熟的农家肥在分解腐熟过程中氮素会丧失，所以能降低肥效。

五是化学肥料不能与细菌性肥料混用。因为化学肥料有较强的腐蚀性、挥发性和吸水性，若与根瘤菌等细菌性肥料混合施用，会杀伤或抑制活菌体使细菌性肥料失效。

144. 什么是肥料之间相克？

肥料之间有相生关系，也有相克矛盾。比如说，多施磷肥，多余的有效磷会在土壤中与有效锌结合形成难溶性的磷酸锌沉淀，从而引起土壤中有效锌缺乏。不仅如此，多余的有效磷会抑制作物对氮素的吸收，还会引起缺硼、缺铜。又比如多施钾肥，会减少作物对氮、镁、钙、硼和锌的吸收。石灰是一种钙肥，但石灰施用过多，使土壤偏碱，会引起土壤中缺乏有效锌、铁、锰和硼。即使是农家肥也不可过多施用，因农家肥施用过多，土壤中微生物与农作物也会出现“争氮”的矛盾，引起土壤一段时间内暂时缺氮。

对农作物偏施和多施单质肥料（如尿素、磷肥、钾肥等），恐怕不是个别现象。这样不仅浪费肥料、增加生产成本、污染环境，而且会导致作物某些有效元素的缺乏。因此，在给作物施肥时，要根据各种营养元素之间的比例关系，要增同增，要减同减。提倡使用复合肥和混配肥，因为它们是以土壤普查结果和农作物需肥量为依据的，营养元素的比例比较协调。

提高复合肥料利用率，对促进作物的高产稳产有着十分重要的作用。但它也有一些缺点。比如，它的养分比例总是固定的，而不同土壤、不同作物所需的营养元素种类、数量和比例是多样的，因此使用前最好进行测土，了解田间土壤的质地和营养状况。另外，也要注意和单元肥料配合施用，才能得到更好的效果。

145. 肥料和农药混用应注意什么问题？

碱性肥料如氨水、石灰氮、草木灰等不能与敌百虫、乐果、速灭威、托布津、井冈霉素、多菌灵、叶蝉散、菊酯类杀虫剂等农药混用。混用会降低药效。

碱性农药石硫合剂、波尔多液、松脂合剂等，也不能与碳酸氢铵、硫酸铵、硝酸铵、氯化铵等铵态氮肥和过磷酸钙等化肥混用。混用会使氨挥发损失，降低肥效。

化学肥料不能与微生物农药混用。化学肥料挥发性、腐蚀性都很强，若与微生物农药如杀螟杆菌、青虫菌等混用，易杀死微生物，降低防治效果。

146. 当前肥料施用常见的误区和提高肥效的主要方法有哪些？

(1)当前肥料施用中常见的误区

①农家肥晾干　人粪和鸡粪已成为大棚生产西瓜的主要

基肥，但瓜农为了施用方便，经常将人粪、鸡粪在田间晾晒失水成干。这种做法会造成蝇蛆繁殖，氮素挥发，损失了肥料的氮素养分。

②钙镁磷肥在碱性土壤上作基肥　钙镁磷肥是弱酸性肥料，不溶于水，在弱碱性条件下才能逐步转化为水溶性磷酸盐被作物根系吸收，而在碱性土壤上施用，解决不了作物幼苗对磷的迫切需要，宜造成生理缺磷。

③过磷酸钙地表撒施作追肥　磷在土壤中移动性小，移动范围在 1～3 厘米之间。所以表施过磷酸钙很难传送到作物根际，起不到补充作物体内磷元素的作用。

④尿素撒施后立即浇水　尿素是酰胺态氮肥，易溶于水，施入土壤后要经过分解才能转变为碳酸氢铵被作物吸收利用，表施后立即浇水，易使尿素随水流失，降低肥效。

⑤碳酸氢铵随水撒施　此种方法往往造成进水口附近肥料多，作物长势不一，难于管理；而午后棚温升高，氨气从土壤中逸出，熏伤作物下部叶片，造成肥害。

(2)提高肥效的主要方法

①农家肥堆沤腐熟作基肥　可在 1～2 月份于向阳处按人粪 4 000 千克、钙镁磷肥 100 千克、碎麦秸（糠）400 千克的比例，拌后堆成馍状堆，用旧塑料膜密盖或用草泥抹严堆沤 30 天，即成优质腐熟农家肥用于大棚作基肥。

②过磷酸钙集中施作基肥　在移栽行开 8 厘米深沟，撒入磷肥后覆土厚 4～5 厘米，然后在浅沟内移栽作物，缩短磷肥与作物根的距离来弥补磷素移动性小的弱点。

③尿素早施、深施和根外施　根据作物不同发育阶段对肥水的需求，提前追施、深施，比浅施提高利用率 28%。棚室在 15℃～20℃时提前 7 天施，20℃～25℃时提前 5 天施。追

施时开8～10厘米深的沟，撒施后严密盖土。株行距大的作物可挖坑深施。根据棚温隔5～7天浇水，使其在土壤中有足够时间充分氨化，以利于作物吸收利用。在作物生育期间，可用0.3%尿素溶液喷洒叶面，每667平方米用量100升，每7天1次，连续2～3次。

④*碳酸氢铵深施* 碳酸氢铵是冬暖大棚西瓜追肥的理想速效肥料，因地温低而极少挥发，施入土壤后就能离解成铵离子被土壤吸附，然后慢慢释放供作物根系吸收，即使在土壤温度只有5℃的条件下，也能转化分解被作物吸收利用。追肥时在离作物根茎8～10厘米开10厘米深沟，撒肥后用土盖严，可提高利用率10%～30%。

147. 西瓜苗期施肥技术要点有哪些？

西瓜苗期施肥主要分两个阶段。一是在配制营养土时，加入20%腐熟的农家肥，每立方米营养土掺入1千克过磷酸钙。二是当西瓜秧苗长到二三片真叶时，若发现幼苗细弱、叶片发黄，应选择晴天的上午用0.2%磷酸二氢钾+0.3%尿素溶液叶面喷施，或选用养分全面的叶面肥喷施。在定植前的1～2天，可采用上述营养液浇施营养钵，称为送嫁水或送嫁肥。

148. 西瓜叶面追肥技术要点有哪些？

在西瓜生长中期和后期，由于根系生长速度变慢和生理功能逐渐衰退，吸收营养的能力也趋于减弱，这段时间为了能有效补充果实迅速生长发育所需的营养，通常采用追施叶面肥的方式加以补充。叶面追肥的种类主要是氮、磷、钾三要素，补氮一般可叶面喷施0.3%～0.5%尿素溶液，补钾一般可叶面喷施0.4%～0.5%磷酸钾溶液，补磷一般可叶面喷施0.4%～0.5%过磷酸钙浸提液，也可用0.3%磷酸二氢钾溶液。

叶面肥的浓度在植株发育前期不宜高，如尿素在苗期的浓度不超过0.3%，中后期可适当提高到0.5%，但不宜再高，以免造成肥害。在配制叶面肥溶液时，应选择溶解性好、含杂质较少的优质化肥，并在正式施用前做小区试验，无异常后再大面积应用。叶面肥在与农药同时喷施时，需特别注意酸性肥料不能与碱性农药混用，碱性肥料也不能与酸性农药混用，以免酸碱反应降低药剂有效性，或产生药害。此外，在晴天中午前后高温时应暂不进行叶面肥的喷施作业，以免由于水分蒸发过快影响叶片吸收并发生烧叶现象。

149. 什么是西瓜测土配方施肥技术？

西瓜测土配方施肥技术是以土壤测试结果和田间试验结果为基础，根据西瓜需肥规律、土壤供肥性能和肥料效应，在合理施用农家肥的基础上，提出氮、磷、钾及中、微量元素等肥料的施用数量、施肥时期和施用方法。也就是在农业科技人员的指导下施用配方肥料。推广测土配方施肥技术有以下好处：一能增加经济效益。实施测土配方施肥能够在基本不增加施肥成本的前提下，提高西瓜产量，改善其品质，提高市场竞争力，增加种植效益。二能促进无公害农产品生产。实施测土配方施肥，可以为西瓜提供最佳的营养条件，使西瓜健壮生长，增强对病虫害的抵抗能力，减少农药用量，更有利于无公害农产品的生产。三能保护生态环境。实施测土配方施肥，可以提高肥料的利用率，减轻肥料流失、挥发对水源和大气的污染，保护农业生态环境。因此，要把应用测土配方施肥技术作为节约生产成本，提高施肥效益，控制肥料污染，保护生态环境，改善农产品品质，增加种植效益，促进农民增收的一项重要措施，把握好“测土、配方、配肥、供应、施肥指导”五个核心环节，努力提高施肥效益。

150. 西瓜如何进行测土配方施肥?

(1)采集土样 土样采集一般在秋收后进行。采样的要求是地点选择和采集的土样都要有代表性。采样深度一般为20厘米。采样以3.33～6.67公顷(50～100亩)为一个采样单元。在采样单元中，按“S”形选择5～20个样点，去掉表土覆盖物，按标准深度挖成剖面，按土层均匀取土。然后，将采得的各点土样混匀后装入布袋内。布袋要挂标签，标明采样地点、日期、采样人及分析的有关内容等。土壤化验主要有5项，即碱解氮、速效磷、速效钾、有机质和pH值。

(2)确定配方 配方的确定由农业科技人员完成。根据农户提供地块的预期产量指标，科技人员按照预期产量指标的农作物需肥量、土壤的供肥量以及不同肥料的利用率，确定肥料配方，并将肥料配方按测试地块落实到农户。

(3)购肥配肥 农户根据配方选购优质肥料，并进行混配。

151. 棚室栽培西瓜怎样施用二氧化碳?

当光照充足、棚温较高时，西瓜光合作用加速，棚内二氧化碳浓度会迅速下降，不能满足光合作用的需求。因此，适当增加二氧化碳浓度可促进光合作用，提高产量。目前，在棚室栽培中增施二氧化碳气肥的方法有4种。

(1)吊袋法 将一大袋二氧化碳发生剂沿虚线处剪开，然后将一小袋促进剂从剪口处倒入，并将二者搅拌均匀。将混合好的二氧化碳气肥大袋放入带气孔的专用吊袋中，不要堵死出气孔。将上述吊袋均匀吊挂在温室大棚中的骨架上，距地面2米高的作物上方，以保证每袋二氧化碳气肥可覆盖33平方米左右的面积。

(2)化学反应法 先将工业硫酸1份(按容积计算，以下同)缓缓倒入3份水中，搅匀，冷却至常温后备用。当需要补充和增加二氧化碳时，将配好的稀硫酸倒入广口塑料桶内，溶液达到塑料桶的1/3～1/2即可，再加入适量的碳酸氢铵即可迅速产生大量的二氧化碳。一般每隔10米左右放置一个塑料桶。当继续加入碳酸氢铵后无气泡产生时，可将剩余液体作为氮肥施入瓜田。

(3)钢瓶释放法 酒精厂、酒厂等生产回收的二氧化碳用钢瓶贮存，使用时，选用直径1厘米的塑料管，通入棚室中，每隔3～4米在塑料管上扎孔。放气时，钢瓶出口压力应保持在98～117.6千帕(1～1.2千克/平方厘米)。一般放气8～10分钟即可。

(4)燃烧丙烷法 通过在棚室内燃烧丙烷产生二氧化碳气体。如果大棚面积为600平方米，燃烧1.2～1.5千克的丙烷就能使二氧化碳浓度提高到0.13%左右。

152. 什么是微生物肥料？该肥料有哪些作用？

微生物肥料是指应用于农业生产的特定微生物活体制品，通过其中所含微生物的生命活动，增加植物养分的供应量或促进植物生长，改善农产品品质及农业生态环境。微生物肥料是以微生物的生命活动及其产物来改善作物的营养条件，促进作物吸收营养，刺激作物生长发育，增强作物抗病抗逆能力，提高产量，改善产品品质，同时改良土壤，降低生产成本，减少环境污染。微生物肥料可扩大和加强作物根际有益微生物的活动，改善作物营养条件，是一种辅助性肥料。微生物肥料一般不含化学物质，对环境基本没有污染，是生产无公害农产品的理想肥料。无公害西瓜生产允许使用的微生物肥料包括根瘤菌肥、固氮菌肥、磷细菌肥、硅酸盐细菌肥、复合微生物肥、光合细菌肥等。使用微生物肥料时应选择国家允许使用的优质产品。氨基酸微肥、腐殖酸肥料等，也是无公害西瓜生产的辅助性肥料，应根据生产的实际需要选择使用。

153. 如何正确使用微生物肥料？

微生物肥料可用于拌种、浸种、蘸根，也可作基肥、追肥，沟施或穴施。但以拌种最为简便，更经济有效。其拌种方法是将固体菌肥加清水调至糊状或液体菌剂加清水稀释，然后与种子充分搅拌，稍晾干后播种，并立即覆土。有的菌肥也可以和化肥混拌用作基肥。

微生物肥料是生物活性肥料，因此有特定的施肥要求。一是避免开袋后长期不用。开袋后长期不用，其他微生物就可能侵入袋内，使微生物菌群发生改变，影响其使用效果（有些肥料则有特殊要求）。二是避免在高温干旱条件下使用。在高温干旱条件下，微生物生存和繁殖就会受到影响，不能发挥良好的作用。应选择阴天或晴天的傍晚施用这类肥料，并结合盖土浇水等措施，避免微生物肥料受阳光直射或因水分不足而难以发挥作用。三是避免与未腐熟的农家肥混用。这类肥料与未腐熟的农家肥堆沤或混用，会因高温杀死微生物，影响微生物肥料的发挥。同时也要注意避免与过酸或过碱的肥料混合使用。四是避免与农药同时使用。化学农药都会不同程度地抑制微生物的生长和繁殖，甚至杀死微生物。若需要使用农药，也应将使用时间错开。不能用拌过杀虫剂、杀菌剂的种子拌微生物肥料施用。

154. 何谓缓释肥料？缓释肥料有哪些优点？

缓释肥也称控释肥。就是在化肥颗粒表面包上一层很薄的疏水物质制成包膜化肥，水分可以进入多孔的半透膜，溶解的养分向膜外扩散，不断供给作物，即对肥料养分释放速度进行调整，根据作物需求释放养分，达到元素供肥强度与作物生理需求的动态平衡。市场上的涂层尿素、覆膜尿素、长效碳铵、CA、CR 肥料就是缓释肥的一种类型。缓释肥有以下优点。

一是肥料用量减少，利用率提高。缓释肥肥效期比一般未包膜的长 30 天以上，淋溶挥发损失减少，肥料用量比常规施肥可以减少 10%～20%，达到节约成本的目的。

二是施用方便，省工安全。可以与速效肥料配合作基肥一次性施用，施肥用工减少 1/3 左右，并且施用安全，能预防肥害。

三是有利于增产增收。施用后表现肥效稳、长，后期不脱肥，增产 5%以上。

155. 使用冲施肥有哪些好处？

(1)使用后一般无负面效应　因适合做冲施肥的原材料一般表现水溶性好，营养成分易于吸收，不易被土壤固定，不板结土壤，无毒害残留。

(2)使用方便，省工、省力　它不受土壤条件和作物生长季节的限制，施用方便，且不易损伤作物。

(3)肥效迅速，有利于作物增产 在作物生长旺盛季节，用普通追肥方法时，往往因肥料养分释放转化慢、肥效迟而影响到产量和品质。特别在冬季大棚栽培时，常因低温、日照不足等情况，用常规土壤追肥法，往往效果不理想；若因地制宜选用对路的优质冲施肥品种，进行用水冲施，则效果良好。

(4)营养成分多 当前使用的冲施肥，一般多是含有多种营养成分的复混肥，能满足作物对多种养分的需要，十分符合未来肥料发展方向和现代农业集约化发展的需求。由此来看，冲施肥的发展前景十分广阔。

156. 西瓜生产中应用水肥一体化技术的意义是什么？

该技术是利用灌溉设备，将灌溉与施肥结合在一起的高效节水农业技术。它可以最有效地利用水、肥、土壤资源，克服大水漫灌和过量施肥造成的环境污染和产品质量降低的现象，适用于设施生产。根据生产实践观察，该技术可以使灌溉水利用率达到90%，氮肥当季利用率达50%。与传统的管理方法相比，在设施西瓜栽培条件下，该技术比传统灌溉技术节水30%～40%(每667平方米节水80～120立方米)，节省肥料40%～50%(每667平方米约节省纯养分70～90千克)，平均每667平方米大棚每年节省总投入约400元，大棚西瓜增产17%～28%。大面积使用水肥一体化技术，不但节约资源，而且能提高产品质量，特别是对水资源紧缺的地区具有重要的现实意义。

157. 西瓜生产中肥水一体化的施肥方法是什么?

根据西瓜需水生理和土壤条件(土壤容重、田间持水量、土体厚度等)设计供水系统,制定灌溉制度(灌水定额、每次灌水时间、灌水周期、灌水次数及灌溉定额)。

根据作物营养生理、目标产量和土壤条件(土壤养分、土壤质地、构型等),确定施肥制度(施肥时间、次数、数量、配方)。

水肥耦合操作程序:首先,将西瓜专用冲施肥溶解于配肥容器中。加肥前,灌溉系统先运行15～30分钟,待田间灌溉区所有喷头正常喷水后,再启动注肥泵向输水管中加肥。调节注肥泵压力,使其必须大于抽水机出水压力,控制加肥速度,使灌入瓜田的肥料浓度小于1‰。加肥结束后,灌溉系统要继续运行30分钟至1小时,以洗刷管道,保证肥料全部施于瓜田土壤,并下渗到要求深度。

158. 如何鉴别真假肥料?

目前,假冒伪劣化肥充斥市场,农民真假难辨。下面介绍几种简易识别方法,并概括为五个字:看、摸、嗅、烧、湿。

(1)看

①看肥料包装　正规厂家生产的肥料,其外包装规范、结实,一般注有商标、产品名称、养分含量(等级)、净重、厂名、厂址等;假冒伪劣肥料的包装一般较粗糙,包装袋上信息标示不清、质量差、易破漏。

②看肥料粒度(或结晶状态)　氮肥(除石灰氮外)和钾肥多为结晶体,如钙镁磷肥为粉末状,过磷酸钙则多为多孔、块状;优质复合肥粒度和比重较均一、表面光滑、不易吸湿和结

块，如俄罗斯产三元素复合肥和美国产磷酸二铵。而假劣肥料恰恰相反，肥料颗粒大小不均、粗糙、湿度大、易结块。

③看肥料颜色　不同肥料有其特有的颜色。氮肥除石灰氮外几乎全为白色，有些略带黄褐色或浅蓝色(添加其他成分的除外)；钾肥为白色或略带红色，如磷酸二氢钾呈白色；磷肥多为暗灰色，如过磷酸钙、钙镁磷肥是灰色，磷酸二铵为褐色等。

(2)摸　肥料放在手心，用力握住或按压转动，根据手感来判断肥料优劣。利用这种方法，判别美国产磷酸二铵较为有效。抓一把肥料用力握几次，有“油湿”感的即为正品；而干燥如初的则很可能是用倒装复合肥冒充的。此外，用粉煤灰冒充的磷肥，也可以通过手感进行简易判断。

(3)嗅　通过肥料的特殊气味来简单判断。如碳酸氢铵有强烈氨臭味，硫酸铵略有酸味，过磷酸钙有酸味。而假冒伪劣肥料则气味不明显。

(4)烧　将化肥样品加热或燃烧，从火焰颜色、熔融状况、烟味、残留物情况等识别肥料。

①氮肥　碳酸氢铵，直接分解，产生大量白烟，有强烈的氨味，无残留物；氯化铵，直接分解或升华产生大量白烟，有强烈的氨味和酸味，无残留物；尿素，能迅速熔化，冒白烟，投入炭火中能燃烧，或取一玻璃片接触白烟时，能见玻璃片上附有一层白色结晶物；硝酸铵，不燃烧但熔化并出现沸腾状，冒出有氨味的烟。

②磷肥　过磷酸钙、钙镁磷肥、磷矿粉等在红木炭上无变化；骨粉则迅速变黑，放出焦臭味。

③钾肥　硫酸钾、氯化钾、硫酸钾镁等在红木炭上无变化，发出噼啪声。

④复混肥料　复混肥料燃烧与其构成原料密切相关。当其原料中有氨态氮或酰胺态氮时，会放出强烈氨味，并有大量残渣。

(5)湿　如果外表观察不易识别化肥品种，也可根据在水中溶解状况加以区别。将肥料颗粒撒于潮湿地面或用少量水湿润，过一段时间后，可根据肥料的溶解情况进行判断。如硝铵、磷酸二铵、硫酸钾、氯化钾等可以完全溶解(化)；过磷酸钙、重过磷酸钙、硝酸铵钙等部分溶解；复合肥颗粒会发散、溶解或有少许残留物，而假劣肥料溶解性很差或根本不溶解(除磷肥)。

159. 老瓜田土壤处理措施有哪些?

(1)施肥前消毒　保留前茬栽培用过的棚膜并修补破损处。7～8月份前茬作物拉秧后，清除植物残体，平垄，结合深翻每667平方米均匀压入麦秸600千克、生石灰100千克，并浇透水。土壤稍干后深翻25～30厘米，地面覆盖宽8米、厚0.08毫米的普通聚乙烯(PE)薄膜。覆膜后将四周压实。检查薄膜无破损后，利用夏季高温，密闭温室闷棚40天以上。

(2)起垄后消毒　施肥、深翻、起垄后，先覆盖垄上地膜。大沟浇足底水后，在大沟内再覆盖地膜并压严。密闭温室闷棚40天以上。

(3)棚室消毒　在夏播西瓜栽培中，于6月份，每667平方米用石灰氮25千克与农家肥(为常规施肥量)、麦秸混合施于大棚内，高温闷棚使棚内温度达40℃，可有效杀死土壤中的有害物质；或每667平方米用翠宜丽15千克与农家肥(为常规施肥量)、麦秸混合施于大棚内，高温闷棚使棚内温度达40℃，也可有效杀死土壤中的有害物质。

十一、西瓜病虫害防治技术

160. 西瓜病虫害防治为什么必须执行“预防为主，综合防治”的植保方针？

防治西瓜病虫害，必须认真执行“预防为主，综合防治”的植保方针。“预防为主”就是在西瓜病虫害发生之前采取措施，把病虫害消灭在发生前或初发阶段。“综合防治”是从农业生产的全局和农业生态系统的总体观点出发，以预防为主，充分利用自然界抑制病原物和害虫，创造不利于病原物和害虫发生危害的条件，有机地使用各种防治措施，即以农业防治为基础，根据西瓜病虫害的发生发展规律，因时因地制宜合理运用化学防治、生物防治的措施，可以经济、安全、有效地控制其危害，同时把可能产生的负面影响减少到最低限度。因此，执行“预防为主，综合防治”的植保方针可有效地减少病虫害防治成本，降低农药残留，提高产品品质。

161. 何谓西瓜病虫害的农业防治？

农业防治就是利用综合栽培技术措施来控制、避免或减轻西瓜病虫害发生，是夺取丰产的基本措施。一方面是创造西瓜最适宜的生长条件，另一方面创造不利于病原物生长、发育、繁殖和传播的条件，使病原物不能完成其传染，中断传播渠道，抑制病害的发生和蔓延。主要措施包括选用抗病品种、轮作倒茬、翻耕灭茬、田园清洁、使用充分腐熟的农家肥、培育无病健苗、嫁接防病、加强田间管理、调节土壤酸碱度等。

162. 西瓜病虫害的主要物理防治措施有哪些？

物理防治是指通过创造不利于病虫害发生但却有利于或无碍于作物生长的生态条件的防治方法。它可通过病菌、害虫对温度、湿度或光谱、颜色、声音等的反应能力，用调控办法来控制病虫害发生，杀死、驱避或隔离病菌、害虫。物理防治与化学防治相比具有对环境污染小、无残留、不产生抗性等特点，顺应了有机农业生产的需求，因而采用物理方法防治农作物病虫害是一种较理想的无公害防治方法。物理防治采取的主要方法有以下几种。

(1)光 物理防治方法中利用害虫的趋光性进行光电诱杀成虫，能减少农药的使用，对维护自然生态平衡、保护生态环境有重要意义。利用昆虫对光有很强的趋性来诱集害虫，同时使用物理的或化学的方法将害虫集中杀灭，依据这个原理可以设计多种光诱捕器，目前在农业害虫防治中应用较为广泛的有黑光灯、高压汞灯和频振式杀虫灯等。

(2)物理阻隔 物理阻隔是指掌握病害发生规律及害虫生活习性，设置人为障碍，阻止病虫害的扩散蔓延，因而保护植物免受病菌、害虫侵害，或就地消灭病虫害。

(3)人工器械防治 顾名思义，人工器械防治是指用手工及一些简单器械来防治农业病虫草害，以达到作物病虫草害综合防治目的的一种物理方法。

(4)其他物理防治措施 除上述几种物理方法外，气调杀虫法、低温冷藏法、湿度处理法、土壤消毒、扣紫外线阻断膜、遮阳网、喷高脂膜等措施也广泛应用于病虫草害的综合防治。

163. 西瓜病虫害的主要生物防治措施有哪些？

生物防治，是以一种生物消灭另一种生物的方法，简单说就是以虫治虫，以菌治菌。它是降低杂草和害虫等有害生物种群密度的一种方法。它利用了生物物种间的相互关系，以一种或一类生物抑制另一种或另一类生物。它的最大优点是不污染环境，不破坏生态平衡，是农药等非生物防治病虫害方法所不能比的。

(1)利用天敌防治 每种害虫都有一种或几种天敌。例如，对付小菜蛾的强大武器是比它还小的蜂。小菜蛾的天敌蜂很小很小，不用放大镜是难以看见它的。它在产卵时，会把卵产在小菜蛾的幼虫体内。当蜂卵孵化成幼蜂时，幼蜂便会吃掉小菜蛾的幼虫，如果把一种常用的不污染环境的天然杀虫剂与这种以虫治虫的方法一起使用，效果更佳。

(2)利用作物对病虫害的抗性防治 即选育具有抗性的作物品种防治病虫害，如选育抗马铃薯晚疫病的马铃薯品种、抗麦秆蝇的小麦品种等。

此外，利用耕作方法防治、利用不育昆虫防治和遗传防治等也获得了成功。

164. 何谓侵染性病害？何谓非侵染性病害？

由寄生性病菌引起的病害叫侵染性病害。病害可相互传染发病，既有病状、病症(即病原物在被害部位的表现症状)，也有侵染过程，由点(发病中心)到面逐步扩大危害，全株发病或局部发病。侵染性病害主要包括真菌性病害、细菌性病害、病毒性病害以及线虫类病害，如炭疽病、枯萎病、白粉病、病毒病等。

植物的非侵染性病害是由于植物自身的生理缺陷或遗传性疾病，或由于在生长环境中有不适宜的物理、化学等因素直接或间接引起的一类病害。它和侵染性病害的区别在于没有病原生物的侵染，在植物不同的个体间不能互相传染，所以又称为非传染性病害或生理病害，如疯秧、畸形果、空洞果、裂果等。

165. 危害西瓜的病害主要有哪些？

危害西瓜的病害可分为生理性病害和侵染性病害。其中生理性病害主要有肥害、冻害、热害、气害、涝害、沤根等；侵染性病害按其发病比例的大小依次是枯萎病、病毒病、炭疽病、疫病、蔓枯病、根腐病、霜霉病、绵腐病、叶枯病、猝倒病、细菌性角斑病等 11 种。

166. 西瓜烂种、烂芽是怎么回事？如何防治？

西瓜播种后，长时间不出苗，扒开土壤，会发现种子或幼芽已腐烂，称为烂种或烂芽。

(1)发病原因 ①播种过深或土壤湿度过大，种子长时间不能出土，当种子内养分耗尽后仍不能见光进行光合作用，就会造成烂种或烂芽。种子或幼芽因土壤湿度过大，可致使缺氧性烂种、烂芽。②播种后土壤温度低、湿度大，种子虽吸足水分，但温度低不能发芽，或者虽然发芽，但生长速度慢，也会造成烂种或烂芽。③受种蝇危害的幼芽和幼根，也会出现烂种现象。

(2)防治方法 ①选择生产日期较近、生命力强的种子，尽量不要使用陈旧的种子。②直播西瓜要选择适宜的播期，土温过低时不要播种。③土壤湿度不宜过大。④在苗床上播种时，要采取加温、保温措施，促进种子快速出苗。⑤受种蝇危害的秧苗，参照病虫害防治部分种蝇的防治方法。

167. 幼苗猝倒是什么原因？如何防治？

西瓜种子出苗后、子叶展开而真叶尚未抽出时，在近地面的茎基部呈现出水浸状，病部变黄缢缩，子叶尚未凋萎，幼苗即出现倒伏现象(在排除地下害虫危害的情况下)，这种现象称为猝倒。

(1)发病原因 此病是由一种腐霉菌引起的。土壤温度低、湿度大有利于病菌的生长和繁殖，不利于瓜苗生长。土壤温度10℃～15℃时，病菌繁殖最快。播种过密、通风不良，易诱发此病。

(2)防治方法 ①选择地势高、排水良好的地块做苗床。②育苗前，每立方米苗床土掺200～250克多菌灵进行土壤消毒。③播种前，可用50℃～55℃温水浸种10～15分钟，或用种子量0.3%的70%代森锰锌可湿性粉剂或50%多菌灵可湿性粉剂、50%福美双可湿性粉剂拌种。④控制床土温、湿度，浇水应在晴天上午8时后进行，并注意通风，保持表土干燥。⑤在苗床或直播田间发现个别猝倒病苗时，应立即用72.2%普力克水剂700倍液或75%敌克松可溶性粉剂800倍液喷雾或灌根。喷雾时使药液能够顺叶片流到茎基部为宜。直播田块灌根时，每株用0.15～0.25升药液防治效果最佳。

168. 幼苗死亡但立而不倒是什么原因？如何防治？

西瓜秧苗出土后，一些幼苗基部出现椭圆形病斑，发病初期病苗白天萎蔫，夜间恢复，逐渐凹陷，发展到绕茎一周时，病部干枯，幼苗死亡，但大多病苗不倒伏，这种病害称为立枯病，是西瓜苗期的主要病害之一，常在温室育苗期发病。

(1)发病原因 此病是由立枯丝核菌引起的。病菌主要以菌丝体或菌核在土壤内的病残体及土壤中长期存活。西瓜播种后，若遇低温多雨，特别是遇寒流，常诱发烂根。②种子不饱满，生活力弱，出苗慢，易受病菌侵染而发病。③多年连作或施入未腐熟农家肥的瓜田，病菌积累多，易发病。④播种过早或过深，小苗出土延迟，易发病。⑤地势低洼排水不良，土壤黏重，植株长势弱，易发病。

(2)防治方法 参照猝倒病防治方法。

169. 西瓜定植后不生长或生长缓慢是什么原因？如何预防？

(1)发生原因 ①少数秧苗定植后不生长，可能是营养不良或苗龄过长，在苗床上即已成为僵苗，定植后因根系老化，吸收能力差，导致缓苗困难；如果是嫁接苗，接口愈合较差，砧木和接穗之间输导组织未接通，仅靠细胞之间渗透来输送水分和养分，则不能满足植株生长需要，将会影响植株正常生长。②全田秧苗不生长，可能是定植时间过早，土壤温度低，影响根系生长，特别是土质黏重时极易出现这种现象；苗期喷洒植物生长调节剂过量，或喷洒含有植物生长调节剂的叶面肥过量，也会导致植株不生长。③如果定植时秧苗质量相同，仅处于棚室边缘的瓜苗生长缓慢可能是受低温影响或光照不足所致；局部区域出现生长缓慢的现象，可能是土壤质地黏重、地势低洼或肥料不足所致。

(2)预防措施 ①定植之前对秧苗进行筛选，选择白根数量多、苗龄适当、叶片肥大、叶色深绿的健壮秧苗。嫁接苗还要对接口愈合情况进行检查，不选用愈合不好的嫁接苗。②选择适宜的定植时间。定植早时要有较好的保温措施。定植时不进行大水漫灌，采取先洇地后定植，按穴点水的方式，以利于提高地温。③受栽培条件影响所致的生长缓慢现象，可采用施偏肥、喷施植物生长调节剂等方法对弱苗进行特殊管理，促使植株生长整齐一致。④土质黏重的地块，要勤中耕，疏松植株附近的土壤，增强土壤的透气性，提高地温。

170. 西瓜出现花叶斑驳、叶片变小是什么原因？如何防治？

西瓜在生长期间，顶端叶片产生深浅绿色相间的花叶斑驳，叶片变小卷缩，有时出现蕨叶、小叶、鸡爪叶等畸形叶，植株不萎蔫。这种现象是感染了西瓜花叶病毒病。

(1)传播途径 西瓜花叶病毒寄主植物主要是葫芦科、豆科、藜科等植物，以瓜蚜、桃蚜、麦二叉蚜等传毒和接触传染，从伤口侵入。种子也可以带毒。

(2)发病规律 ①高温、干旱、强日照这些条件有利于蚜虫的繁殖和迁飞，有利于病毒的增殖，缩短了潜育期，增加了田间再次侵染的数量。同时干旱降低了植株的抗病性，因而发病严重。②缺水、缺肥、管理粗放者发病严重，播种早、定植早的发病轻。

(3)防治措施 ①选用抗病品种。②可用55℃～60℃温水浸种10～15分钟进行种子消毒。③加强水肥管理，提高植株长势。④整枝时，病株留在最后集中处理，并拔除重病株集中深埋，以防传染。⑤及时喷药防治蚜虫。⑥夏播西瓜及病毒病发生严重的地区，可利用银灰反光地膜驱避蚜虫。⑦发病初期可喷20％病毒A 400～500倍液或1.5％植病灵1 500

倍液，7天1次，连续喷2～3次。

171. 嫁接西瓜枯萎病的发生原因是什么？怎样预防？

西瓜栽培中最重要病害之一是枯萎病，从幼苗期至结果期均可发生，尤以重茬地发病更重，一般减产20%～50%，重者绝收。为了解决这一难题，近年来大面积推广了西瓜嫁接栽培技术，取得了较好的效果。但在生产中仍有部分嫁接后的西瓜植株发生枯萎病害，发病率达10%以上。

(1)发病原因 通过调查得知，这种病是由于有些生产者缺乏对传播途径的认识，或某些属于技术环节处理不当所致。归纳起来，有以下几种。

①种子带菌 西瓜枯萎病系尖镰孢菌侵染造成。病菌厚垣孢子可粘连在种子表皮上越冬。带病种子播种出苗后，若条件适宜即可侵入植株体内潜伏，定植后发病危害。

②苗床土带菌 枯萎病菌是以菌丝、厚垣孢子和菌核随病株残体在土壤中或未腐熟的农家肥中越冬，存活长达6年，成为翌年主要侵染源。育接穗苗时，多数营养土来自农家肥和园田土或大田土混合而成，致使营养土(苗床土)带病菌而直接侵入幼苗体内，遇适宜条件即发病。

③砧木选择不当 目前西瓜生产中常用嫁接砧木有京欣砧1号、航兴砧木一号、西砧1号、白籽南瓜等，其中京欣砧1号、航兴砧木一号和西砧1号属于高抗砧木，多年优势不减。但有的瓜农图省钱用自产的葫芦作砧木，由于抗病性差，枯萎病时有发生。

④断接穗根过晚 为了提高嫁接成活率，多数瓜农把砧木、接穗种子播在同一营养钵内，采取“两条腿”靠接方法，待

定植成活后才断去接穗根，给嫁接苗感病创造了机遇。

(2)预防方法

①注意种子消毒　结合浸种对接穗种子进行消毒，杀死粘在种子上的病菌。一是温汤浸种，用 55℃水浸种 15～20 分钟，然后用 30℃水浸种 12 小时；二是药剂浸种，选用 0.1%高锰酸钾或 50%多菌灵 500 倍液，浸种 20～30 分钟，洗净后催芽播种。

②选用高抗砧木品种　应选用京欣砧 1 号、航兴砧木一号、西砧 1 号和瓠瓜 1 号优良砧木品种。这 4 个砧木都有野生种缘，抗多种病害，对枯萎病接近免疫程度。并且嫁接亲合力和共生亲合力极强，对提高西瓜产量、改善品质都有显著效果。

③搞好育苗土消毒　在播种育苗时，营养土配制虽然注意选用腐熟农家肥和未种过葫芦科作物的土，但由于病菌在土壤中存活时间较长，必须做好育苗土消毒，杀死病菌或恶化病菌生存环境，控制病菌基数。一是播种育苗床药剂处理。苗床每平方米用 8～10 克 50%多菌灵混拌细土 5 千克，下铺 2/3，播后上盖 1/3。二是营养土消毒。配制 1 吨营养土用 50%多菌灵 200～250 克，掺匀即可。

④改进嫁接方法　西瓜最好采用顶插接方法。此法操作简单易行，无需再把接穗断根，无伤口，又省去卡夹子，成活率 90%以上，应大力推广。若是采取靠接方法，应当在嫁接成活后及时不留茬切除接穗胚轴，不要延迟到定植后，导致接穗染病，失去嫁接意义。

172. 叶片上出现褐色圆形斑点是什么原因？如何防治？

在西瓜的整个生长期内，子叶和叶片上病斑初期为近圆形的黄褐色水渍状小斑，以后变为边缘紫褐色有紫色同心晕圈的较大病斑，干燥时易穿孔，这种病被称为炭疽病。此病也可感染植株的其他部位。叶柄和茎上的病斑呈梭形。果实上的斑点呈圆形，褐色，稍凹陷。空气湿度大时，病斑上生出黑色小点和粉红色黏状物。

(1) 发病规律 病菌主要以菌丝体和拟菌核在病残体上或土壤中越冬，种子也可带菌传播。在多雨天气、高温、高湿、排水不良、施氮肥多、植株长势弱、重茬种植的情况下易发病。果实采收后的贮存阶段也可发病。病菌主要通过流水、雨水、甲虫和人畜活动进行传播。

(2) 防治方法 ①加强水肥管理。②实行轮作倒茬。③选用抗病品种。用 40%甲醛 100 倍液浸种 30 分钟，清洗干净后催芽播种。④田间发病初期及时喷药防治。可用 70%甲基托布津 500 倍液或 75%百菌清 500～600 倍液，7 天 1 次，连续喷 2～3 次。也可用 5%加瑞农粉尘或 5%百菌清粉尘喷粉，每 667 平方米每次 1 千克，7～10 天防治 1 次。

173. 叶片上出现白色粉状物是怎么回事？如何防治？

叶片的正面或背面开始出现小圆形白粉状的霉点，不久变成较大的白色粉状霉斑，严重时整个植株的叶面都被白色粉状霉层所覆盖，叶片发黄、质地变脆，这种病害就是白粉病。目前这种病害在我国南方、北方不论温室大棚及露地栽培均有发生。

(1) 发病规律 病菌在北方温室大棚中以菌丝体在寄主植物上越冬，翌年春季分生孢子随气流和雨水传播。白粉病的分生孢子在 10℃～30℃ 内都能萌发，但在 30℃以上和一

1℃以下则很快死亡。温度在16℃～24℃、田间湿度大、施氮肥过多、通风透光不好的环境条件下，最易发病。

(2)防治方法 ①加强栽培管理，合理施肥浇水。②及时进行整枝理蔓，搞好田间通风透光。温室、大棚栽培要注意搞好通风换气。③西瓜收获后，应立即清理瓜株病残体，集中烧毁或深埋，消灭菌源。④药剂防治。必须在发病初期用药，可用15％粉锈宁2 000倍液，或70％甲基托布津800倍液，或10％世高1 500倍液喷施。

174. 植株中午打蔫、早晚恢复的现象是什么原因？如何防治？

西瓜植株中午打蔫、早晚恢复的现象有生理性急性萎蔫与枯萎病2种情况。

(1)表现症状

①生理性急性萎蔫症状 西瓜收获前10～15天，连续阴天后骤晴，植株中午萎蔫，早晚恢复，经过数次反复，叶片除枯萎外，其他变化很小。根、茎无明显变化。3～4天后加重，以致全株枯死。严重时不需反复过程便可枯死。

②枯萎病症状 在整个生育期都可发生，果实膨大期最重。幼苗发病，须根减少，枯萎发黄，倒伏枯死。成株发病，叶片自下向上逐渐萎蔫，前期白天萎蔫，夜间恢复，茎基部开始呈黄绿色水浸状，有长条形病斑，有时可生白色至粉红色霉状物，近地部根、茎有褐变，维管束变褐，可检出枯萎病菌。

(2)发生原因

①生理性急性萎蔫 一般认为是根系吸收不到足够水分和营养物质，生活力差，而茎叶又急剧生长，导致供需矛盾加大所致。这种急性萎蔫症只要及时采取措施是可以恢复的。

②枯萎病　病菌从根部侵入维管束，在维管束内发育，破坏细胞，阻塞导管，致使叶片迅速萎蔫，整株枯黄死亡。尤以连续阴雨天、降水量大及土壤黏重、地势低洼、排水不良、管理粗放的连作地发病重。另外，偏施氮肥，磷、钾肥不足，施用未腐熟的带菌农家肥，地下害虫危害重，均易诱发此病。

(3)发病规律

①生理性急性萎蔫　一是与砧木品种有关。一般以葫芦为砧木的西瓜易发生，以南瓜或冬瓜为砧木的西瓜不易发生。二是嫁接接合面过小。三是坐瓜及整枝方式不当。一般是坐瓜过多，整枝过度。四是土壤温度过高或过低。五是通风过急、过大造成，特别是苗期、结瓜期，骤然通风且过大极易发生急性萎蔫症。

②枯萎病　病菌由胚芽、根尖、伤口侵入。进入维管束后，在导管内发育，分泌毒素堵塞导管，影响水分运输，造成萎蔫。枯萎病的发生与土壤性质、土壤温湿度、水肥管理等有密切关系。8℃～34℃都能发病，最适温度是24℃～28℃。在灌水不当、偏施氮肥、酸性土壤、土壤黏重、排水不畅、天气多变等不利的环境条件下很容易发病。

(4)防治方法

①生理性急性萎蔫的防治方法　可选用南瓜作为砧木，采用顶插接或劈接方法嫁接；在苗期加强土壤和水分管理，使幼苗根系强大，活力增强，为后期果实生长做好准备；在保护地育苗及栽培中，时刻注意能风要循序渐进，从小到大，逐步加大通风量，延长通风时间。因骤然通风造成急性萎蔫时，应及时关闭或减小通风口，使通风口顺风向，小口多开。严重时，向叶面喷水，一般可恢复；避免留瓜过多；整枝时要确保足够的叶片数。避免土壤温度过高或过低。低温期保护地内

连阴后骤晴，应通过草苫遮花荫或草苫收放调节，让植株逐渐适应后再进入正常管理。

②*枯萎病防治方法* 实行7年以上轮作；利用嫁接栽培；同时要求播种前，种子用55℃温水浸种10分钟或用50%多菌灵500倍液浸种1小时消毒，洗净后，浸种催芽。

175. 西瓜为什么会出现串珠根？如何防治？

西瓜出现串珠根是由于受到西瓜根结线虫的侵染而引起的。西瓜根结线虫雌雄异型。雌虫寄生在西瓜根结内，呈洋梨形，大小为0.44～1.59毫米×0.26～0.81毫米。雄虫主要生活在土壤里。

(1)发病规律 西瓜根结线虫主要以卵和2龄幼虫随西瓜或其他寄主植物的根结在土壤中越冬。翌年春季，越冬的2龄幼虫开始侵染西瓜根部。越冬卵孵化出幼虫，蜕皮后变为2龄幼虫，也开始侵染西瓜。幼虫在根结内经3次蜕皮变为成虫。雌雄交配后，雌虫开始产卵，产卵后很快死亡。雄虫交配后不久也死亡。卵孵化成幼虫后继续危害。一个生长季节可完成多个世代，每个世代都以2龄幼虫随农事操作、流水及自身运动等方式传播。此外，未腐熟农家肥中含有带根结线虫的植株残体，也可成为初侵染源。

被线虫污染的土壤，很难将线虫清除干净，防治十分困难。土温20℃～30℃最适宜线虫侵染西瓜，低于10℃或高于36℃线虫停止侵染。土壤疏松、通气性好和连作地块发病重。

(2)防治方法 ①与非寄主作物如韭菜、辣椒、大葱等实行2～3年的轮作。②不使用带有根结线虫病根又未经腐熟的农家肥。③对有线虫的地块，在西瓜栽培前覆地膜增温，杀死土壤中的线虫。④每667平方米施用500千克腐熟鸡粪，利用鸡粪分解的物质抑制线虫卵孵化和杀灭线虫。⑤在栽培西瓜前，对瓜田进行灌水，诱导线虫活动，使线虫在短期内找不到寄主而死亡。⑥田间发现病株时，应立即拔除，集中烧毁，并对病穴施用5%涕灭威颗粒2克，浇水0.5～1升，消灭病株根部四周的线虫。⑦对发病严重的地块应及时改种其他作物。

176. 蝼蛄有哪些危害？如何防治？

(1)危害特点　蝼蛄又叫拉拉蛄，广泛分布在我国各地。以成虫或若虫在土壤表层活动，形成田间隧道，毁坏细芽、幼根，造成死苗。或直接咬食萌发的种子、幼根和嫩茎，受害的根部呈乱麻状。

(2)生活习性　蝼蛄2～3年完成一代。以成虫或若虫在深层土里越冬，春、夏之交喜欢在盐碱地产卵、栖居。从清明开始，到地表土层进行危害，夏季到深层土里越夏，秋季又到地表层进行危害。喜欢夜晚活动。对马粪、黑光灯有趋性。喜欢潮湿的环境。

(3)防治措施

①药剂拌种　用种衣剂包衣或用50%辛硫磷乳油拌种，用量是种子重量的0.1%～0.2%。

②毒饵诱杀　用麦麸、饼肥、秕谷、马粪等做饵料，用90%敌百虫30倍液拌匀，每667平方米用量1.5～2.5千克，傍晚撒在蝼蛄活动的地表层。

③灯光诱杀　设置黑光灯诱杀。

177. 蛴螬有哪些危害？如何防治？

(1)危害特点　蛴螬俗称地蚕，是金龟甲科幼虫的统称。

成虫一般称为金龟子。属杂食性昆虫，可取食多种植物。金龟子种类较多，有的只是幼虫危害，大多数类型成虫、幼虫均危害。幼虫咬食种芽，咬断幼苗的根茎，断口整齐容易识别。成虫吃树叶、作物叶片、嫩芽和花蕾等。

(2)生活习性 世代周期因种类、地域不同而异，由1年1代到5～6年才完成1代，其中华北大黑鳃金龟子2年完成1代。华北地区越冬成虫4月上旬出土并开始危害，盛发期在5月上中旬，5～8月份产卵，孵化后开始危害。幼虫在土中越冬，翌年4月上旬开始危害，6～7月份化蛹并羽化为成虫。成虫昼伏夜出，在湿润而松软的土壤和腐烂的有机物上产卵。幼虫在春、秋两季危害。当10厘米土层温度8℃时，蛴螬上升土表；平均土温15℃～20℃时，蛴螬活动最盛。温度低于6℃时，幼虫开始进入深土层中越冬。有机质含量较高和含水量较大的淤泥土最易发生。

(3)防治措施 ①秋翻灭虫。对下一年计划种瓜的地块进行秋翻，人工捡拾幼虫或放养家禽啄食。②土壤施药。每667平方米用0.2～0.25千克辛硫磷制成毒土，撒施后翻入土中，或随农家肥一起施入土中。③合理灌水。有条件的地区可进行秋灌，能有效减少土壤中蛴螬数量。④用碳酸氢铵等能散发出氨味的化肥作底肥，对蛴螬有一定的驱避作用。⑤选用50%辛硫磷乳油1500倍液或10%吡虫啉可湿性粉剂1500倍液喷洒或灌杀。

178. 小地老虎有哪些危害？如何防治？

(1)危害特点 小地老虎俗称截虫。是鳞翅目夜蛾科幼虫的总称，属杂食性害虫。除西瓜外还为害其他瓜类、粮食、油料、花、草多种植物。以幼虫危害，有时为害植物嫩尖和嫩叶，主要是咬断幼苗近地面的茎，造成缺苗，严重时成片幼苗被咬断。危害后常把咬断的幼茎拖到洞内。主要在春、秋季节危害，有时也为害夏播作物的幼苗。

(2)生活习性 北京地区一年发生3～4代。在不同纬度的地区发生代数不同。越冬也因地而异。一般以老熟幼虫、蛹和成虫越冬。成虫白天隐蔽，傍晚开始活动，夜间产卵，卵产在湿润的地表和矮小的植物上。对糖醋液和灯光有很强的趋向性。1～2龄幼虫在植物嫩叶啃食叶肉。3龄以后白天潜入土表，夜晚出来活动。4龄以后幼虫危害时咬断幼苗嫩茎。5龄后食量剧增。

(3)防治措施 ①清除田间及周围的杂草，集中起来沤肥。②进行秋耕、冬灌，消灭越冬幼虫和蛹。③用泡桐叶和杨树枝把诱杀成虫。④用糖醋液或黑光灯诱杀成虫。⑤药剂防治。用2.5％溴氰菊酯配成1∶2 000的毒土，按每667平方米20～25千克用量撒在地面，可杀死幼虫。或每667平方米用90％敌百虫0.5千克、炒香的麦麸40～50千克，加适量水拌匀制成毒饵，撒在瓜苗旁。于幼虫3龄前施药。

179. 种蝇有哪些危害？如何防治？

(1)危害特点 种蝇又称地蛆、根蛆。是杂食性害虫，能危害瓜类和其他蔬菜等多种作物。成虫繁殖力很强。主要以幼虫危害作物，可蛀食萌发的种子，蛀入幼苗的茎内，造成烂种和死苗。

(2)生活习性 一年发生多代，世代数因地区种类不同而异。以蛹或幼虫越冬。春季羽化出的成虫，有趋臭味的特性，喜欢在粪肥、发酵的有机物上进食和产卵。温度越高繁殖越快。在23℃～25℃的条件下，从产卵到羽化出成虫只需20

天左右。

(3)防治措施 ①施充分腐熟的农家肥，同时拌入敌百虫。②播种覆土后用1000倍敌百虫毒土撒在表面。③用糖醋液加少量敌百虫配成诱饵放在器皿中诱杀成虫。如发现雌成虫猛增时，应立即喷药防治。可用2.5%溴氰菊酯3000倍液或20%菊·马乳油3000倍液，7天1次，连喷2～3次。④用50%辛硫磷乳油1500倍液或25%增效喹硫磷乳油1000倍液灌根。

180. 美洲斑潜蝇的发生有哪些规律？如何防治？

美洲斑潜蝇形体十分微小，潜入植物叶片取食，属双翅目潜蝇科。其繁殖能力强，幼虫生活方式隐蔽，寄主范围广，严重危害瓜果、蔬菜类经济作物和花卉等观赏植物。美洲斑潜蝇在世界上分布十分广泛，我国最初在海南省首次发现，并迅速发展，至今全国许多地区均有发生。

(1)危害特点 成、幼虫均可危害。雌成虫将植物叶片刺伤取食和产卵，幼虫潜入叶片和叶柄危害，产生不规则蛇形白色虫道，影响植物光合作用。受害重的叶片脱落，造成花芽、果实被灼伤，严重的造成毁苗。美洲斑潜蝇发生初期虫道呈不规则线状伸展，虫道终端常明显变宽。

(2)发生规律 该虫一年发生多代，因地区不同而异。华北地区一年发生10代以上，5月上中旬为第一高峰期，9月中旬至10月下旬为第二高峰期。

(3)防治方法

①**物理防治** 由于成虫具有趋黄习性，可利用黄板诱杀成虫，降低虫源基数。

②**化学防治** 幼虫多于晨露干后至上午11时前在叶面

活动最盛。老熟幼虫早晨易从隧道出来暴露在叶面上，是施药防治的最好时机。一般以幼虫1～2龄时防治效果最好。同时还应注意药剂的单剂交替使用，以免引起美洲斑潜蝇抗药性的增强。常用药剂有2.5%功夫2 000倍液，1.8%阿维菌素乳油、1.8%爱福丁乳油3 000倍液，或绿菜宝1 500倍液等喷雾。施药间隔期一般为4～6天，连喷3～4次效果较好。

181. 蚜虫的发生有哪些规律？如何防治？

蚜虫俗称腻虫、蜜虫、油虫等。主要危害温室、大棚的多种瓜类及茄科、豆科、菊科、十字花科等多种蔬菜。

(1)危害特点　瓜蚜的成虫及若虫栖息在瓜类叶片背面和嫩梢、嫩茎上吸食汁液。瓜前嫩叶及生长点被危害后，叶片卷缩，瓜秧萎蔫，严重时植株枯死。老叶受害，提前老化枯落，影响西瓜膨大，降低产量和品质。此外，蚜虫还能传播病毒病。

(2)发生规律　华北地区在4月上中旬越冬卵开始孵化，4月底到5月初产生有翅胎生雌蚜，飞回到瓜田和棚室内繁殖危害。蚜虫活动繁殖的温度范围为6℃～27℃，16℃～22℃最适宜繁殖。空气相对湿度在75%以上，不利于瓜蚜繁殖。干旱天气有利于瓜蚜发生。

(3)防治方法

①生物防治　选用高效低毒的农药，有条件的地方可人工助迁或释放瓢虫和草蛉来消灭蚜虫。

②物理防治　育苗时小拱棚上覆盖银灰色薄膜，定植后大棚四周挂银灰色膜条，棚室的通风口设置纱网。

③药剂防治　可用10%吡虫啉可湿性粉剂1 000倍液，或50%灭蚜松乳油1 000倍液，或2.5%功夫乳油3 000倍液

等喷雾防治。喷洒时注意使喷嘴对准叶背面，将药液尽量喷到蚜体上。还应注意轮换使用不同类型的农药，以免蚜虫产生抗药性。

182. 白粉虱的发生有哪些规律？如何防治？

温室白粉虱俗名小白蛾，属同翅目粉虱科。国内22个省份已有此虫发生与分布，但危害区主要在北方。

(1)危害特点 食性极杂。主要危害温室、大棚及露地瓜类等蔬菜。成、若虫群居叶背吸食汁液，分泌蜜露诱发煤污病，还可传播某些植物病毒病。一般可使蔬菜减产一至三成，个别地块甚至绝收。

(2)发生规律 在北方温室和露地生产条件下，每年发生6～11代，世代重叠现象严重，无滞育或休眠现象。每年春季和初夏移栽秧苗时传带，成虫亦迁飞出温室，成为大棚或露地蔬菜的虫源。

白粉虱以两性生殖为主。卵多散产在叶背，有时排列成弧形，以卵柄从气孔插入叶片组织中，与寄主植物保持水分平衡，极不易脱落。初孵若虫可在叶背短距离移动，以后营固着生活直至成虫羽化。由于成虫具选择嫩叶群集和产卵的习性，因此随着寄主植物的生长，各虫态在植株上的垂直分布常有明显的规律性，即新产的绿卵集中在上部叶片，稍下的叶片是黑卵，再往下依次为初龄若虫、老龄若虫（伪蛹）和新羽化的成虫。

(3)防治方法

①农业防治 冬季育苗房要清除残株杂草、熏杀残余成虫，以培育“无虫苗”，再定植到清洁的生产温室或大棚；结合整枝打杈，摘除带虫老叶携出田外处理；避免温室、大棚内的

瓜菜混栽。

②物理防治　在白粉虱发生初期，将黄板涂机油后置于保护地内，高出植株，诱杀成虫。

③生物防治　保护地西瓜上白粉虱成虫在0.5～1头/株时，释放丽蚜小蜂“黑蛹”3～5头/株，每隔10天左右放1次，共放蜂3～4次，寄生率可达75%以上，控制效果良好。

④药剂防治　当白粉虱种群密度较低时，早期防治至关重要。

烟雾法：每667平方米用22%敌敌畏烟剂0.5千克，于傍晚收工前将保护地密闭熏烟，可杀灭成虫。或在花盆内放锯末，按每667平方米洒80%敌敌畏乳油0.3～0.4千克，放上几个烧红的煤球即可。

喷雾法：要求在白粉虱低密度时早期喷药。用25%扑虱灵可湿性粉剂1 000～1 500倍液，对若虫有较高防效，持效期长。还可用25%联苯菊酯（天王星）乳油1 500倍液（虫量较多或虫螨并发时）至3 000倍液（虫量较少时），效果很好。2.5%功夫菊酯乳油或20%灭扫利乳油2 000～3 000倍液，或2.5%溴氰菊酯乳油或20%氰戊菊酯乳油1 000～2 000倍液，以及50%二嗪农乳油或50%马拉硫磷乳油或40%乐果乳油1 000倍液。此外，25%灭螨猛可湿性粉剂1 000倍液对白粉虱成虫、卵和若虫皆有效，对白粉虱的天敌丽蚜小蜂较安全。当保护地内西瓜上白粉虱虫口密度较高时，可将天王星和扑虱灵按上述剂量混合施用，有助于控制其危害。

183. 西瓜心叶不舒展，侧芽丛生是什么原因？如何防治？

西瓜在生长发育期间，有时会出现心叶不能舒展，主茎生长点枯萎而侧芽丛生等异常现象，特别是温度低时表现异常明显，其原因是蓟马的成虫和若虫锉吸心叶、嫩芽造成的危害。

(1)形态特征 蓟马主要有烟蓟马和黄蓟马两种类型危害西瓜。烟蓟马成虫体长1～1.2毫米，黄白色或褐色，皮肤光滑，复眼红色，前胸后角有两对长鬃。1龄若虫体长约0.37毫米，白色透明；2龄若虫近似成虫，体色变化大，浅黄色至深黄色。黄蓟马成虫体长1～1.1毫米，体黄色；头宽大于长，短于前胸。

(2)发生规律 蓟马一年发生多代，以成虫或若虫在土块下、土缝内或枯枝落叶内越冬，少数以蛹越冬。春暖后越冬成虫开始活动。成虫极活跃，善飞、怕光，多在阴天或早、晚为害。

(3)防治方法

①**蓝板诱杀** 利用蓟马有趋蓝色的习性，在田间设置蓝板，可诱杀大量蓟马。

②**喷药防治** 喷洒20%菊·马乳油1500倍液或21%灭杀毙乳油6000倍液。

184. 怎样清除西瓜田的杂草？

(1)杂草的种类及发生特点 西瓜田杂草的种类很多，造成危害的主要是藜、苋等阔叶杂草和狗尾草、牛筋草、画眉草等禾本科杂草。西瓜田杂草的发生有两个高峰期：第一个高峰期是在西瓜苗出土前后，出苗的杂草约占西瓜全生育期杂草出苗总数的60%；第二个高峰期在西瓜蔓长70厘米左右时，约占总出苗的30%。西瓜田的杂草大都根系庞大，适应性强，繁殖快，传播广，寿命长，如不及时防除，就会与西瓜争夺肥水和生长空间，并孳生病虫害。

(2)清除措施 西瓜田杂草应采取综合防治措施，既要注重病、虫、草害综合防治，又要有农业防治，杂草检疫、机械、化学、物理等综合措施。不同地区不同的地块、不同的年份应有不同的防治内容和防治方法。在预防措施方面要严格检疫制度，限制国外及疫区的危险性杂草侵入。

①农业清除　耕翻、耙、耱、中耕等土壤耕作措施，是长期以来消灭杂草的基本方法，也是当前农业生产上消灭杂草的主要办法。还可以利用地膜覆盖技术防除田间杂草。施用农家肥应充分腐熟，杀死其中的杂草种子。清除田内及田边杂草，防止杂草种子散落继续繁殖。清洁灌溉水，减少种子进入农田。

②化学清除　西瓜对除草剂的反应十分敏感，故应根据除草剂的性质、特点及杂草的性状、类型、不同的环境条件合理选用药剂和设计施用方法。先实验、示范，取得经验后再逐步推广。利用化学除草要注意不同杂草长在瓜田中，其生长发育危害的规律不同，要求用不同种类的除草剂，在特定的西瓜生育期，用不同的剂量和方法。

185. 瓜田施用除草剂的技术要点有哪些？

其一，选用已经批准登记用于西瓜田防除杂草的除草剂，并严格按照使用说明的要求操作。

其二，根据不同的栽培方式、杂草种群发生情况选用不同药剂。西瓜田除草以土壤处理为主，一般在播后苗前、移栽前喷雾。移栽后喷雾目前只有防除禾本科杂草的药剂，如精喹禾灵、精吡氟禾草灵等。

其三，在雨水较多的地区和排水不良的田块，异苯甲草胺等除草剂提倡使用较低有效的剂量。

其四，大棚、拱棚西瓜田由于温度偏高，药剂容易挥发，要及时掀膜，适时通风，防止棚内过热等引发药害。使用剂量要以确保安全为前提。

186. 西瓜地使用除草剂应注意哪些问题？

(1)选择适宜的除草剂 目前市售除草剂有许多种，如果不注意选择，使用后不仅效果不好，而且有伤害幼苗的危险。西瓜田常用的有效而安全的除草剂主要有丁草胺、都尔、施田补、草萘胺、精稳杀得、精禾草克、威霸、杀草丹、恶草灵、果尔、草甘膦等。

(2)土壤温度的影响 一般说土壤处理剂杀草效果的好坏与温度有密切关系。温度高效果好，反之则差。从试验结果看，气温在20℃以上杀草效果较好。在早春低温时使用除草剂，用量可适当增加。

(3)土壤湿度的影响 土壤湿度是使用除草剂成败的重要因素之一。施药以后要经常保持地表湿润。

(4)土质的影响 砂壤土使用除草剂比土质黏性或有机质丰富的土壤杀草效果好。这是因为，黏性土壤或有机质丰富的土壤对药剂的吸附能力强，降低了药效。沙性土壤药剂容易被淋洗到土壤深层而造成药害，因此不宜使用可溶性强的除草剂。

(5)施用时期 在杂草发芽前或刚发芽时用除草剂处理，效果在80%以上，杂草长大以后施用则效果显著下降。

187. 西瓜发生除草剂药害的原因及药害症状有哪些？

(1)药害产生的原因

①**除草剂选用不当** 除草剂具有很强的专一性，所有除

草剂产品上的标签都明确了适宜的作物范围，这个范围是经过大量、严格的试验确定的，超出这个范围施到比较敏感的作物上就会发生药害。一些登记用于大豆、花生、棉花等地的除草剂，有的根本不适宜在西瓜上使用。尤其是乙草胺，西瓜对其十分敏感，在西瓜上使用很不安全。用药后轻则抑制生长，造成减产；重则西瓜死苗，造成绝收。

②药剂的挥发　大棚、拱棚西瓜容易因气温陡升、掀膜不及时而造成棚温过高，此时若选用挥发性较强的除草剂，会造成空气中药剂浓度过高而产生药害，危害严重。

③瓜田排水不畅　西瓜生长季节雨水较多，有些药剂如异丙甲草胺等在土壤渍水情况下，活动性大幅度提高，安全性急剧下降，极易造成药害。

④用药过量　所有除草剂对作物都有一定的安全剂量范围，超过安全剂量范围就会对西瓜产生药害。

⑤药械性能不良或作业不标准　使用多喷头的喷雾器各喷嘴流量不一致、喷雾不匀、喷幅连接重叠、喷嘴后滴等，或采用非扇形喷头喷雾，都会产生药液分布不匀，使局部喷液量过多，造成西瓜药害。

⑥土质原因　在沙质土壤、有机质含量低的土壤中，有些除草剂遇雨易渗漏，从而对西瓜根系产生药害。

(2)除草剂药害的症状　①乙草胺引起的药害是由于它喷洒到空地上以后，由于棚内温、湿度较高，乙草胺挥发到空中或随蒸腾气流进入空气中，与西瓜苗接触而产生药害。药害症状在第二天表现出来。在叶片的边缘和叶尖发生黑色枯焦现象，一接触即破碎，并继续危害长出的新叶。症状经过20天后长出的新叶不再表现药害症状。大棚门口处受害情况较棚深处重，部分叶片全部枯死，症状消失慢。②2,4-滴丁酯和巨星引起的西瓜药害症状基本相同，都是在喷药后2天内叶片、瓜秧产生萎蔫现象，2天后症状消失，但叶片有轻微失绿现象。随后长出的新叶皱缩，叶片细长而变窄，叶色变深，叶肉变厚，茎尖卷曲，似病毒病症状。在叶背面的侧脉和主脉的分枝处有粘连现象。根据对喷雾器不同的涮洗条件、除草剂品种和棚内西瓜定植的不同位置，症状持续20～30天。一般在大棚深处症状消失快，靠近门口处症状消失慢。

188. 除草剂药害的预防及补救措施有哪些？

(1)除草剂药害发生的预防措施

①正确的选用除草剂　了解瓜田发生的杂草种类，有针对性地购买适宜、三证齐全的除草剂产品。使用前要仔细阅读产品标签，了解除草剂的适宜范围，使用产品的注意事项。

②严格掌握除草剂的施用技术　严格按照产品标签上标明的推荐用量、使用时间、使用方法施用除草剂。不擅自改变使用剂量、不擅自扩大使用范围、不擅自改变使用方法，有效避免当茬作物药害；避免高温、高湿天气施药，防止除草剂挥发产生药害；选择喷雾均匀的喷雾器械，保证不重喷、漏喷；注意黏土、沙土、壤土的土壤质地差异，沙质土应选择使用较低剂量。

(2)西瓜发生除草剂药害的补救措施　如果作物受害较轻，仅仅叶片出现暂时性接触性药斑，一般不必采取补救措施，作物很快就会恢复正常生长。

如果受害较重，叶片出现褪绿、皱缩、畸形等症状，生长抑制较明显，就应采取相应的补救措施。一是由2,4-滴丁酯和巨星引起药害的大棚西瓜田，一定要尽早用清水冲洗叶片表面，并高温闷棚，加快除草剂的挥发和分解。二是灌排水补救。因土壤施用过量的除草剂，可通过灌排水的方法减轻药害。三是喷施植物生长调节剂，提高植物的免疫功能。四是及时邀请有经验的专家和农技人员共同分析原因、商讨对策，最大限度地挽回经济损失。

189. 西瓜田常用的除草剂有哪些？

西瓜田常用的除草剂按使用方法可分为播前土壤处理剂、播后苗前土壤处理剂和苗后茎叶处理剂 3 种类型。播前土壤处理剂主要有 50％大惠利、48％地乐胺乳油；播后苗前土壤处理剂有 80％杀草净可湿性粉剂、48％地乐胺乳油、50％扑草净可湿性粉剂；苗后茎叶处理剂有 12.5％盖草能乳油、35％稳杀得乳油、12.5％拿扑净机油乳油、10％禾草克乳油等。目前，苗后施药防除阔叶杂草的除草剂还未有可用的品种。

190. 西瓜田的鼠害防治技术有哪些？

西瓜从播种、出苗、伸蔓、坐瓜到果实成熟和收获后贮运期，都可遭受鼠害。害鼠吃直播西瓜种子，咬食瓜苗、瓜蔓，啮食幼瓜，更喜欢吃成熟的西瓜。西瓜田常见的害鼠有褐家鼠、小家鼠、黄胸鼠、黄毛鼠等。常用的防治方法有：①在瓜田附近查找鼠洞，向鼠洞内灌水、投毒饵、设鼠夹、鼠笼等方法捕杀。②将 0.3％～0.5％毒鼠磷毒饵或 0.05％～0.1％敌鼠钠盐毒饵放置在毒饵箱中，引诱老鼠进入取食而被毒死。毒饵箱可防止毒饵外泄和死鼠被其他动物取食而中毒。③清除瓜田杂草，减少老鼠在田间的隐蔽物，从而减轻鼠害。

191. 西瓜田防治病虫害选择农药的原则是什么？

西瓜为生食水果，为了防止农药污染和残留，保护人民身体健康，必须按照国家安全使用农药的规定，选择瓜田所用农药品种。选择农药时应遵守以下原则。

一是优先选用生物农药。生物农药或生化制剂，对人、畜、天敌昆虫均无毒性或毒性极低，不污染环境，在西瓜上没有残毒，对人、畜、天敌昆虫十分安全。如虫螨克、武夷霉素、农用链霉素等。

二是在生物农药品种少、达不到防治效果而必须使用化学农药时，应选择高效低毒低残留农药，如敌百虫、百菌清、多菌灵等。

三是严禁选用高毒高残留农药，这些农药使用后极易引致产品污染和残毒，造成人、畜中毒甚至死亡，如甲拌磷、甲胺磷、呋喃丹、氧化乐果等。

四是有针对性地选择中等毒性低残留农药，如敌敌畏、敌克松、代森铵等。

192. 雨季施用农药应注意哪些问题？

(1)改变施药方法和时间　根据药剂性能选用适宜施药法和内吸性农药，如多菌灵、甲基托布津、井冈霉素、多抗霉素、粉锈宁等，这些药剂喷施后12小时基本被吸收，因此降水前12小时使用，遇雨影响不大。或者采用根区施药法，可避免雨水冲刷，防止农药流失。另外，可根据病虫害发生和活动规律采用适宜施药方法，如夜间取食的害虫，可选黄昏时施药。

(2)在药液中加黏着剂　选耐雨冲刷的农药，如波尔多液、井冈霉素、绿得宝、绿乳酮、易保等，喷药后 2～4 小时在叶面形成药膜，遇雨基本不影响药效。或者在配制药液时，适量增加些平平加、害立平、皂角液、渗透剂等，以增加农药的黏着性和渗透性，即使遇雨也能较好地发挥药效。也可以在药液中加入洗衣粉，以增加农药在作物及害虫身体表面的附着力，施药后即使遇上中雨也不容易把药冲刷掉。

(3)选用速效性农药 速效性农药可以在降水间歇期的短时间内将害虫击毙，从而避免了“慢性农药”因降水对药剂的淋失而降低药效。如速灭杀丁、溴氰菊酯、抗蚜威等农药，有很强的触杀作用，在施用后 1～2 小时之内就可杀死大量害虫。

(4)其他应注意的问题 ①对症下药。农药种类很多，特点、用途不同，应针对作物防治对象，选择最合适的农药。②适时用药。用药时间精确，防治效果才理想。③安全施药。防止污染皮肤或发生中毒事故。禁止在中午高温时喷施高毒农药，连续喷药时间不宜过长。④严格掌握施药量。任何农药均应按照推荐用量使用，随意增减易造成作物药害或影响防效。不要重喷和漏喷。⑤不要用污水配药。污水内杂质多，配药易堵塞喷头，且破坏药剂悬浮性而产生沉淀。也不要用井水配药。井水中含矿物质较多，与农药混合易发生化学作用，形成沉淀，降低药效。

193. 低温季节如何合理施用农药？

(1)合理选择农药 冬、春低温季节防治农作物病虫害，要注意选用受温度影响较小的农药。

(2)适当增加用药量 低温季节施用农药，要在专业人员指导下适当增加用药量，提高药液浓度，但不得超过“安全高浓度”。

(3)选择晴天高温时段施药 温度高时，害虫的活动范围和呼吸强度增大，取食量增加，此时施药有利于提高防治效果。

(4)改进施药方法 冬、春季节防治棚室西瓜病虫害，尽量采用烟雾法或粉尘法施药。如果采用喷雾法施药，要适当减少防治次数和喷药量。

(5)适当延长安全间隔期 低温季节农药的降解速度慢，在作物体内残留时间相对较长，必须适当延长西瓜最后一次施药距采收的天数(即安全间隔期)，确保食用安全。

194. 如何使用烟剂?

烟剂又称烟熏剂、烟雾剂，是普遍推广使用的一种农药剂型。它由农药原药、发热剂、助燃剂、分散剂等成分采用特殊工艺加工制成，适于防治温室、大棚、中棚中的作物病虫害。

(1)烟剂的特点

①成本低，效果好 高温、高湿、病虫害发生重是棚室西瓜的特点。烟剂能够防治棚室的多种病害，其效果一般在85%以上，比用同种可湿性杀菌剂喷雾防治效果提高10%以上，而且不需要水源和专门器械。

②操作简单，残留少 一般烟剂的使用操作过程只需3～5分钟。关闭门窗，点燃烟剂后离开棚室即可。烟雾弥漫于空间，农药微粒缓慢均匀地沉降到植株、架材等表面，渗入到土壤孔隙中，因此农药的有效成分分布要比常规喷雾均匀，防治更彻底，也避免常规喷雾造成的农药浪费现象。

(2)使用方法

①使用条件 烟雾具有很强的飘移和扩散性，使用时要

求严格的密闭环境，棚室薄膜不能破损有孔洞，门窗关闭要严密，否则会影响防治效果。阴雨天及湿度大时防治流行病害效果更加明显。

②*施药时间*　烟剂微粒在植株表面的附着量影响防治效果。晴天中午太阳光直射时，植株表面较干燥，表层温度与烟剂微粒相同，烟雾不易沉积。因此，施放烟剂最好选在傍晚落日后进行，此时植株表面湿润，易于微粒粘附，而且又不占用农时。另外，阴雨天、下雪天可照常使用，不影响效果。

③*施药方法*　根据用药面积和空间，确定好施用量，多点布放。布点要均匀，并用铁丝、砖块、石块等(忌用木块、竹签)做支架，将烟剂支离地面 20～50 厘米高处。燃放时应从棚室由内而外按顺序点燃，注意吹灭明火，使其正常发烟。点完后立即密闭棚室门窗，次日早晨充分通气后方可进行农事操作。在阴雨天的白天施药后迅速密闭 4～6 小时后才可通风作业。

④*施药剂量*　根据棚室内空间大小、病虫害发生程度、烟剂的有效成分含量等因素确定施用量。一般情况下常见烟剂一次用量 0.3～0.4 克/立方米。防治病害应在发病初期开始施用，一般每隔 7～10 天 1 次，连续施用 2～3 次；防治虫害宜在发生初期施药，以利于及早控制。病虫害发生严重或棚室密封性较差时，可适当增加用药或缩短施药间隔期。如防治大棚西瓜霜霉病、疫病，可选用 45%百菌清烟剂或 15%克菌灵烟剂，每次每 667 平方米用药 200～250 克；防治西瓜白粉病可选用 15%克菌灵烟剂，每次每 667 平方米用药 250 克；防治菌核病可选用 10%速克灵烟剂或 15%克菌灵烟剂，每次每 667 平方米用药 250～300 克；防治蚜虫、潜叶蝇、温室白粉虱等，可选用 22%敌敌畏烟剂，每次每 667 平方米用药 300～400 克。

生产上烟剂可单独使用，但为了延缓病菌和害虫抗药性的产生，提高防治效果，提倡烟剂与粉尘法、喷雾法交替使用。

(3)注意事项 ①烟剂在贮存期间要做到防潮、防高温，远离火源，防止自燃。②由于有效成分含量和剂型等原因，多数烟剂产品不能直接在小拱棚低于1.2米的蔬菜上使用，以免产生药害。③要根据烟剂的有效成分和标签来认真鉴别主治对象，做到“对症下药”。④按照防治面积、烟剂有效成分核算实际有效用量，否则用量少时减效，用量多时产生药害。⑤烟雾片或烟雾块使用时不要直接放在地面上，应放在离地面20～25厘米的支架上。⑥烟剂点燃后不要在弥烟中长时间滞留或做其他管理活动，以免吸入烟气中毒。⑦使用时要注意保护好眼睛和皮肤，使用后及时用肥皂水洗脸、洗手及其他身体裸露部分。

195. 药剂防治西瓜病虫害时应注意哪些问题？

(1)早发现、早防治 有些病虫害，在普遍发生之前，一般先在田间部分植株上危害，被称为发病中心或中心病株，如病毒病、白粉病、蚜虫等。一旦发现病株，要及时用药，把病虫消灭在初发阶段。这样可防止受害面积扩大，减少污染，节约用药，保护害虫天敌等。

(2)连续用药，维持药效 任何药物使用后都有一定的有效时间，称为残效期。西瓜农药残效期一般为7～10天，果实生长后期多为5～7天。但病虫害的侵害是连续不断的，所以用药要根据药剂的残效期和病虫害发展情况，连续交替使用农药，可控制危害，避免病虫产生抗药性。

(3)适时用药，减少药害 喷药应在露水退去后进行，以免药液变稀或流失。喷粉剂应在早晨有露水时进行，有利于药粉黏着，提高药效。中午高温或风雨天气不可用药，以免降低药效。用药浓度要严格掌握，防止浓度过高产生药害。

(4)安全用药，防止中毒 西瓜是生食水果，禁止使用剧毒农药，结果期禁止使用残效期长的农药，以免发生中毒事故。喷药人员应戴口罩、手套、风镜等防护用具，并应顺风喷药。配药、用药都要严格按照要求去做，防止中毒。

(5)综合防治，重点用药 防治病虫害有农业防治、生物防治、物理防治、机械防治和化学防治等措施。只有综合运用各种防治措施，才能收到最大的效果，并减少农药的用量。

十二、西瓜的采收、贮藏及运输

196. 无公害西瓜产品的质量标准是什么?

(1)果型 果型周正,发育正常,具有本品种应有的特征,不得有畸形瓜。

(2)皮色 皮色正常,具有本品种应有的特征。

(3)瓤色 具有本品种成熟时应有的颜色。

(4)成熟度与品质 八成熟即80%种子变色。瓤质脆沙、汁多,心、边平均含糖量10%,口感好。无生瓜和过熟瓜。

(5)外伤 无伤害。

(6)品种纯度 品种纯度应达到95%以上。

(7)果皮厚度 厚度小于1厘米。

(8)有害物残留 严格按照中华人民共和国农业西瓜行业标准(GB/T8321.6—2000)的规定,确保西瓜有害金属和农药残留不超标。

197. 鉴定西瓜成熟度的方法有哪些?

(1)根据雌花开放后的天数判断 每个品种在特定的气候条件下,从雌花开放到果实成熟的天数基本上是固定的,一般极早熟品种25~26天,早熟和中熟品种28~35天,晚熟品种在40天左右。但同一品种因坐果部位和果实生长期间气候条件的差异,所需天数也有所不同。坐果节位低、温度低,从开花至成熟的天数就长,反之则短。

(2)采用积温法鉴定果实成熟度 一般将开花后至果实

成熟每天的平均气温累加，早熟品种的积温量为700℃左右，晚熟品种的积温量为1 000℃以上。

(3)根据果实形状判断成熟度 果面花纹清晰，表面具有光泽，着地面呈明显黄色，脐部、蒂部略收缩；用手指弹瓜，发出浊音为成熟瓜，发出清脆声的为未成熟瓜；生瓜比重为1，熟瓜比重为0.95，因此放入水中漂浮的即为熟瓜。

198. 采收西瓜应注意哪些问题？

西瓜采收时应根据品种成熟特性和上市销售情况，按照果实的成熟度分批采收。对采收成熟度要求不严的品种可适当提早采收上市，以提高经济效益；对采收成熟度要求严的品种则应达到所需成熟度才能采收，以避免早采影响品质。采收的西瓜供应当地市场，可采摘九成熟的瓜；如运往外地，可采七八成熟的瓜。

准备长途贩运的商品瓜，最好在下午采收，第二天上午运输。准备就近销售和用于贮存的西瓜，采收应在晴天上午进行，但皮薄易裂的品种应在傍晚采收。雨后不宜采收，以免果实沾染泥浆后在贮运过程中发病。中午烈日下采收果实累积热量大，品质容易劣变，应尽量避免。采收时保留瓜柄和一段瓜蔓，既防止病菌侵入，又有一定的保鲜作用。采收前1周应停止灌水。

199. 商品西瓜的运输方法和运输中注意的事项有哪些？

(1)运输方法 商品西瓜运输可分为短途运输和长途运输两种。短途运输可用农用三轮车、拖拉机、农用运输车；长途运输可用汽车、火车或飞机空运。

(2)运输中注意事项 普通农用三轮车、拖拉机的短途运输西瓜多不用包装，但车箱底部和四周应垫以麦秸等物，再分层装瓜。装车时将大瓜放在下面，小瓜装在上面，每层之间再用麦秸隔开，以免碰伤。一般汽车、火车运输也多为散装，少数用条筐、板箱包装。一些主产区为保证商品西瓜质量，提高西瓜档次，多采用硬纸箱包装。每个西瓜用一张包装纸包好，然后在箱底放一层木屑或纸屑，把包好纸的西瓜放入箱内。若西瓜不包纸直接放入箱内时，每个瓜之间应用瓦楞纸隔开，并在瓜上再放入少许纸屑或木屑衬好，防止磨损，盖上盖子，可用打包机捆结实，以备运输。在选择运输工具时，应以经济、安全、迅速为原则，尽量减少运输中间环节。最好是一次周转能从产区直接送到销区的批发市场或直销客户。在装卸作业中要做到轻装、轻卸，途中避免剧烈震荡和机械碰撞，减少运输损耗。

200. 西瓜贮存保鲜的技术要点有哪些？

(1)选择库房 库房应阴凉并具有通风条件，最好是地下室或地下洞穴。入库前应进行消毒。

(2)环境条件控制 常温贮藏主要依靠通风降温，一般是白天关闭门窗，夜间通风，温度保持在15℃～20℃，空气相对湿度以70%～80%较为适宜。

(3)应选择耐贮品种 果皮坚硬、果肉致密、不易倒瓤的品种较耐贮。无籽西瓜较耐贮。

(4)药剂处理 果实采收后应及时进行药剂处理，以减少因病害引起的腐烂。发现病果、烂果、表皮受伤果，要及时剔除。

果品优质生产技术　8.00元
果品采后处理及贮运保鲜　20.00元
果品产地贮藏保鲜技术　5.60元
干旱地区果树栽培技术　10.00元
果树嫁接新技术　7.00元
落叶果树新优品种苗木繁育技术　16.50元
苹果园艺工培训教材　10.00元
怎样提高苹果栽培效益　9.00元
苹果优质高产栽培　6.50元
苹果新品种及矮化密植技术　5.00元
苹果优质无公害生产技术　7.00元
图说苹果高效栽培关键技术　10.00元
苹果高效栽培教材　4.50元
苹果病虫害防治　10.00元
苹果病毒病防治　6.50元
苹果园病虫综合治理（第二版）　5.50元
苹果树合理整形修剪图解(修订版)　12.00元
苹果园土壤管理与节水灌溉技术　6.00元
红富士苹果高产栽培　8.50元
红富士苹果生产关键技术　6.00元
红富士苹果无公害高效栽培　15.50元
苹果无公害高效栽培　9.50元
新编苹果病虫害防治技术　18.00元
苹果病虫害及防治原色图册　14.00元
苹果树腐烂及其防治　9.00元
怎样提高梨栽培效益　7.00元
梨树高产栽培(修订版)　12.00元
梨树矮化密植栽培　6.50元
梨高效栽培教材　4.50元
优质梨新品种高效栽培　8.50元
南方早熟梨优质丰产栽培　10.00元
南方梨树整形修剪图解　5.50元
梨树病虫害防治　10.00元
梨树整形修剪图解(修订版)　8.00元
梨树良种引种指导　7.00元
日韩良种梨栽培技术　7.50元
新编梨树病虫害防治技术　12.00元
图说梨高效栽培关键技术　8.50元
黄金梨栽培技术问答　10.00元
梨病虫害及防治原色图册　17.00元
梨标准化生产技术　12.00元
桃标准化生产技术　12.00元
怎样提高桃栽培效益　11.00元